Mathematische Formeln und Definitionen

mit 114 teils mehrfarbigen Abbildungen

bearbeitet von

Studiendirektor Friedrich Barth
Studiendirektor Paul Mühlbauer
Studiendirektor Dr. Friedrich Nikol
Studiendirektor Karl Wörle

BAYERISCHER SCHULBUCH-VERLAG · MÜNCHEN
J. LINDAUER VERLAG (SCHAEFER) · MÜNCHEN

5. Auflage 5 5 4 3 2 1 | 1994 93 92 91 90
Die letzte Zahl bezeichnet das Jahr dieses Druckes.

Alle Drucke dieser Auflage sind, weil untereinander unverändert, nebeneinander benutzbar.

by Bayerischer Schulbuch-Verlag, München 19, Hubertusstr. 4, ISBN 3-7627-3271-x
und J. Lindauer Verlag (Schaefer), München 2, Kaufingerstr. 29, ISBN 3-87488-271-3

Zeichnungen: Werner Fuchs, Christel Aumann, München
Gesamtherstellung: Friedrich Pustet, Graphischer Großbetrieb, Regensburg

INHALT

Symbole

A. Logische Zeichen

Aussagenvariable werden durch große lateinische Buchstaben $A, B, C \ldots$ bezeichnet:

$A \wedge B$	sowohl A als auch B
$A \vee B$	A oder B oder beide
$\neg A$	nicht A, Negation von A
$A \rightarrow B$	Implikationsverknüpfung; wenn A dann B
$A \leftrightarrow B$	Äquivalenzverknüpfung; wenn A dann B und umgekehrt
$A \Rightarrow B$	Implikationsaussage; aus A folgt B A ist hinreichend für B B ist notwendig für A
$A \Leftrightarrow B$	Äquivalenzaussage; aus A folgt B und umgekehrt A ist notwendig und hinreichend für B
$A :\Leftrightarrow B$	A ist definitionsgemäß äquivalent B
$\bigwedge, \forall$	für alle . . .; Allquantor
$\bigvee, \exists$	es existiert mindestens ein . . .; Existenzquantor
$\exists_1$	es existiert genau ein . . .

B. Mathematische Zeichen und Schreibweisen

1. Größenbeziehungen

$a = b$	a ist gleich b
$a := b$	a ist definitionsgemäß gleich b
$a \neq b$	a ist nicht gleich b
$a \approx b$	a ist ungefähr gleich b
$a < b$	a ist kleiner als b
$a > b$	a ist größer als b
$a \leqq b$	a ist kleiner oder gleich b
$a \geqq b$	a ist größer oder gleich b
$a \ll b$	a ist sehr klein gegen b
$a \mid b$	a ist Teiler von b

2. Rechen- und Funktionssymbole

$$\sum_{i=1}^{n} a_i = a_1 + a_2 + a_3 + \ldots + a_n$$

$$\sum_{i,k=1}^{n} a_{ik} = \sum_{i=1}^{n} \left(\sum_{k=1}^{n} a_{ik} \right)$$

$$\operatorname{sgn} a = \begin{cases} +1 \text{ für } a > 0 \\ 0 \text{ für } a = 0 \\ -1 \text{ für } a < 0 \end{cases}$$

$$|a| = a \cdot \operatorname{sgn} a = \begin{cases} a \text{ für } a > 0 \\ 0 \text{ für } a = 0 \\ -a \text{ für } a < 0 \end{cases}$$

$[a]$ ist die größte ganze Zahl, die kleiner oder gleich a ist

Mengen

A. Bezeichnungen

1. Beliebige Mengen: $A, B, C, M, \ldots$

Besondere Mengen

$\mathbb{N}$ Menge der natürlichen Zahlen	$\mathbb{R}^+$ Menge der positiven reellen Zahlen
$\mathbb{Z}$ Menge der ganzen Zahlen	$\mathbb{C}$ Menge der komplexen Zahlen
$\mathbb{Q}$ Menge der rationalen Zahlen	$\mathbb{N}_0 = \mathbb{N} \cup \{0\}$
$\mathbb{Q}^+$ Menge der positiven rationalen Zahlen	$\mathbb{R}_0^+ = \mathbb{R}^+ \cup \{0\}$
$\mathbb{R}$ Menge der reellen Zahlen	$\emptyset$, $\{\,\}$ leere Menge

Für $a, b \in \mathbb{R}$ bedeutet

$[a;b] = \{x \mid x \in \mathbb{R} \wedge a \leqq x \leqq b\}$	$[a;b[= \{x \mid x \in \mathbb{R} \wedge a \leqq x < b\}$
$]a;b[= \{x \mid x \in \mathbb{R} \wedge a < x < b\}$	$]a;b] = \{x \mid x \in \mathbb{R} \wedge a < x \leqq b\}$

2. Schreibweisen und Definitionen

$a \in A$	a ist Element von A
$a \notin A$	a ist nicht Element von A
$\{x \mid E(x)\}$	Menge aller x mit der Eigenschaft $E(x)$
$\lvert A\rvert$	Mächtigkeit der Menge A; Anzahl der Elemente von A falls A endlich
$\lvert A\rvert = \lvert B\rvert$	Es gibt eine eineindeutige Abbildung zwischen den Elementen von A und den Elementen von B
$\lvert A\rvert = \lvert\mathbb{N}\rvert$	A ist abzählbar

B. Relationen zwischen Mengen

1. Gleichheitsrelation $A = B$

Zwei Mengen A und B heißen *gleich*, wenn jedes Element von A auch Element von B ist und umgekehrt.
Trifft dies nicht zu, so heißen die Mengen verschieden, kurz $A \neq B$.

2. Teilmengenrelation $A \subset B$*)

Eine Menge A heißt *Teilmenge* einer Menge B, wenn jedes Element von A auch Element von B ist.
Sonderfall: Eine Menge A heißt *eigentliche* oder *echte* Teilmenge einer Menge B, wenn A Teilmenge von B ist und wenn $A \neq B$.

Die Teilmengenrelation ist reflexiv: $A \subset A$
identitiv: $A \subset B \wedge B \subset A \Leftrightarrow A = B$
transitiv: $A \subset B \wedge B \subset C \Rightarrow A \subset C$

Die leere Menge ist Teilmenge einer jeden Menge.
Als *Potenzmenge* $P(A)$ bezeichnet man die Menge aller Teilmengen einer Menge A.

Mächtigkeit der Potenzmenge: $|P(A)| = 2^{|A|}$

C. Operationen mit Mengen

A, B seien Teilmengen einer Grundmenge E

Schnittmenge von A und B: $A \cap B := \{x \mid x \in A \wedge x \in B\}$

Vereinigungsmenge von A und B: $A \cup B := \{x \mid x \in A \vee x \in B\}$

Komplementmenge $\overline{A}$ einer Menge $A \subset E$: $\overline{A} := \{x \mid x \in E \wedge x \notin A\}$

Differenzmenge von A und B: $A \setminus B := \{x \mid x \in A \wedge x \notin B\} = A \cap \overline{B}$

Produktmenge von A und B: $A \times B := \{(x; y) \mid x \in A \wedge y \in B\}$

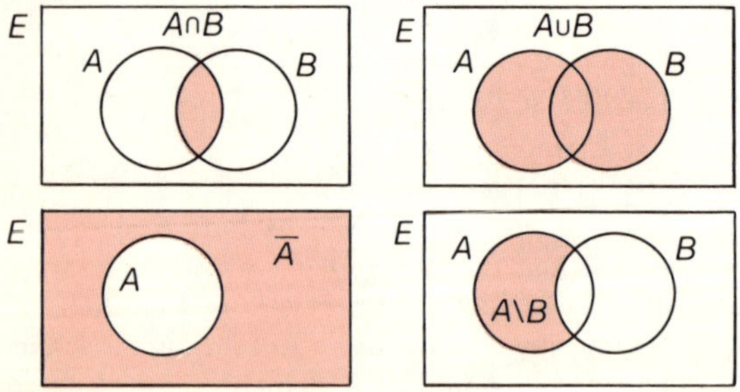

* Gleichwertig ist auch die Schreibweise $A \subseteq B$

D. Gesetze der Mengenalgebra

A, B, C seien Teilmengen einer Grundmenge E

Kommutativgesetze	$A \cap B = B \cap A$	$A \cup B = B \cup A$
Assoziativgesetze	$(A \cap B) \cap C = A \cap (B \cap C)$	$(A \cup B) \cup C = A \cup (B \cup C)$
Distributivgesetze	$A \cap (B \cup C) = (A \cap B) \cup (A \cap C)$	$A \cup (B \cap C) = (A \cup B) \cap (A \cup C)$
Absorptionsgesetze	$A \cap (A \cup B) = A$	$A \cup (A \cap B) = A$
Idempotenzgesetze	$A \cap A = A$	$A \cup A = A$
Gesetze für die Komplementmenge	$A \cap \overline{A} = \emptyset$	$A \cup \overline{A} = E$
DE MORGAN-Gesetze	$\overline{A \cap B} = \overline{A} \cup \overline{B}$	$\overline{A \cup B} = \overline{A} \cap \overline{B}$
Neutrale Elemente	$A \cap E = A$	$A \cup \emptyset = A$
Dominanzgesetze	$A \cap \emptyset = \emptyset$	$A \cup E = E$
$\emptyset$ und E-Komplemente	$\overline{\emptyset} = E$	$\overline{E} = \emptyset$
Doppeltes Komplement	$\overline{(\overline{A})} = A$	

Dualitätsprinzip: Vertauscht man in einem Gesetz der Mengenalgebra die Verknüpfungen $\cap$ und $\cup$ sowie gleichzeitig $\emptyset$ und E miteinander, so ergibt sich wieder ein Gesetz der Mengenalgebra.

E. Klasseneinteilung (Zerlegung) einer Menge

Eine Klasseneinteilung liegt vor, wenn eine Menge in Teilmengen zerlegt wird, so daß

(1) jede Teilmenge mindestens ein Element enthält,

(2) die Schnittmenge je zweier Teilmengen leer ist,

(3) die Vereinigungsmenge aller Teilmengen die ursprüngliche Menge ergibt.

Algebraische Strukturen

A. Gruppe

Eine Menge G heißt *Gruppe* $(G, \circ)$, wenn sie ein Element e enthält und wenn auf G eine Verknüpfung $\circ$ definiert ist, wobei folgende Axiome erfüllt sind:

(1) Axiom der *Abgeschlossenheit*
Zwei beliebigen Elementen $a \in G$, $b \in G$ ist genau ein Element $a \circ b \in G$ zugeordnet.

(2) Axiom der *Assoziativität*
Für beliebige Elemente $a, b, c \in G$ gilt:
$$(a \circ b) \circ c = a \circ (b \circ c)$$

(3) Axiom *des neutralen Elementes e*
Für alle $a \in G$ gilt:
$$e \circ a = a \circ e = a$$

(4) Axiom der *Existenz des Inversen* (des reziproken Elementes)
Zu jedem $a \in G$ gibt es ein inverses Element $\bar{a} \in G$, so daß
$$\bar{a} \circ a = a \circ \bar{a} = e$$

Eine Gruppe heißt Abelsche oder *kommutative Gruppe*, wenn für beliebige Elemente gilt:
$$a \circ b = b \circ a$$
Enthält eine Gruppe endlich viele Elemente, so heißt die Anzahl ihrer Elemente *Ordnung* der Gruppe.

B. Ring

Eine Menge R heißt *Ring* $(R, +, \cdot)$, wenn auf R zwei Verknüpfungen $+$ und $\cdot$ mit folgenden Eigenschaften definiert sind:

(1) R ist bzgl. „$+$“ eine Abelsche Gruppe

(2) Zwei beliebigen Elementen $a \in R$, $b \in R$ ist genau ein Element $a \cdot b \in R$ zugeordnet.

(3) Für beliebige Elemente $a, b, c \in R$ gilt das Assoziativgesetz:
$$(a \cdot b) \cdot c = a \cdot (b \cdot c)$$

(4) Für beliebige Elemente a, b, $c \in R$ gilt das Distributivgesetz:

$$a \cdot (b + c) = a \cdot b + a \cdot c$$
$$(b + c) \cdot a = b \cdot a + c \cdot a$$

R heißt *kommutativer Ring*, wenn zusätzlich gilt:

$$a \cdot b = b \cdot a$$

für beliebige Elemente a, $b \in R$.

C. Körper

Eine Menge K ($|K| > 1$) heißt *Körper* $(K, +, \cdot)$, wenn auf K zwei Verknüpfungen mit folgenden Eigenschaften definiert sind:

(1) K ist bzgl. „+" eine ABELsche Gruppe mit dem neutralen Element 0.

(2) $K \setminus \{0\}$ ist bzgl. „·" eine ABELsche Gruppe.

(3) Für beliebige Elemente a, b, $c \in K$ gilt:

$$a \cdot (b + c) = a \cdot b + a \cdot c$$

D. Verband

Eine nichtleere Menge V heißt *Verband* $(V, +, \cdot)$, wenn auf V zwei Verknüpfungen (statt $+$ und $\cdot$ oft auch $\sqcup$ und $\sqcap$ geschrieben) definiert sind, so daß für alle a, b, $c \in V$ folgende Axiome gelten:

(1) Axiome der Kommutativität

$$a \cdot b = b \cdot a \qquad a + b = b + a$$

(2) Axiome der Assoziativität

$$(a \cdot b) \cdot c = a \cdot (b \cdot c) \qquad (a + b) + c = a + (b + c)$$

(3) Axiome der Absorption (Verschmelzung)

$$a \cdot (a + b) = a \qquad a + (a \cdot b) = a$$

Ein Verband heißt *distributiv*, wenn für alle a, b, $c \in V$ ferner gelten:

(4) Axiome der Distributivität

$$a \cdot (b + c) = (a \cdot b) + (a \cdot c) \qquad a + (b \cdot c) = (a + b) \cdot (a + c)$$

Ein distributiver Verband heißt *komplementär*, wenn er zwei Elemente n und e enthält, für die gelten:

(5) Axiome der neutralen Elemente

Für alle $a \in V$ gilt:

$a \cdot e = a \qquad\qquad a + n = a$

(6) Axiom der Existenz des komplementären Elements

Zu jedem $a \in V$ gibt es ein komplementäres Element $\bar{a} \in V$, so daß

$a \cdot \bar{a} = n \qquad\qquad a + \bar{a} = e$

Ein distributiver und komplementärer Verband heißt Booleescher Verband oder Boolesche Algebra (s. S. 100)

E. Abbildung von Mengen mit algebraischer Struktur

1. Homomorphismus

Eine Abbildung A einer Menge M mit einer algebraischen Struktur auf eine Menge M' mit einer algebraischen Struktur heißt *Homomorphismus*, wenn

(1) die Verknüpfung(en) in M eineindeutig der (den) Verknüpfung(en) in M' zugeordnet sind;

(2) die Abbildung des Ergebnisses der Verknüpfung(en) in M zweier Elemente von M gleich dem Ergebnis der zugeordneten Verknüpfung(en) in M' der Abbildungen der beiden Elemente ist.

Wird z.B. der Verknüpfung $*$ in M die Verknüpfung $\circ$ in M' zugeordnet, so gilt für $x, y \in M$

$$A\,(x * y) = A(x) \circ A(y)$$

Die algebraischen Strukturen heißen dann *homomorph*.

2. Isomorphismus

Ein Homomorphismus heißt *Isomorphismus*, wenn die Abbildung A bijektiv ist (s. S. 89). Die algebraischen Strukturen heißen dann isomorph.

Anordnungseigenschaften der reellen Zahlen

A. Axiome der Anordnung

Für die reellen Zahlen gelten folgende Axiome der Anordnung:

(1) Trichotomie

Für $a, b \in \mathbb{R}$ ist genau eine der drei Relationen richtig:

Entweder $a > b$ oder $a = b$ oder $a < b$

(2) Transitivität

$a < b \wedge b < c \Rightarrow a < c$

(3) Monotonie der Addition

$a < b \wedge c \in \mathbb{R} \Rightarrow a + c < b + c$

(4) Monotonie der Multiplikation

$a < b \wedge c \in \mathbb{R}^+ \Rightarrow a\,c < b\,c$

B. Obere und untere Schranke, Supremum, Infimum

1. S heißt *obere Schranke* der Menge $M \subset \mathbb{R}$, wenn für alle $x \in M$ gilt:

   $x \leqq S$

   Die kleinste obere Schranke einer Menge $M \subset \mathbb{R}$ heißt *Supremum* von M (sup M).

2. s heißt *untere Schranke* der Menge $M \subset \mathbb{R}$, wenn für alle $x \in M$ gilt:

   $x \geqq s$

   Die größte untere Schranke einer Menge $M \subset \mathbb{R}$ heißt *Infimum* von M (inf M).

C. Vollständigkeitsaxiom

Jede nichtleere und nach oben beschränkte Teilmenge von $\mathbb{R}$ hat ein Supremum.

D. Axiom von Archimedes

Zu zwei positiven reellen Zahlen a, b gibt es stets eine natürliche Zahl n, so daß $n\,a > b$.

E. Regeln für Ungleichungen

$$a < b \wedge c < 0 \Rightarrow a\,c > b\,c$$

speziell: $a < b \Rightarrow -a > -b$

$$\left.\begin{matrix} a < b \\ c < d \end{matrix}\right\} \Rightarrow a + c < b + d$$

$$\left.\begin{matrix} 0 < a < b \\ 0 < c < d \end{matrix}\right\} \Rightarrow a\,c < b\,d$$

$$0 < a < b \Rightarrow a^2 < b^2 \quad \text{(vgl. S. 15)}$$

$$0 < a < b \Rightarrow \frac{1}{a} > \frac{1}{b}$$

F. Betrag

$$|x| = x \cdot \operatorname{sgn} x = \begin{cases} x & \text{wenn } x > 0 \\ 0 & \text{wenn } x = 0 \\ -x & \text{wenn } x < 0 \end{cases}$$

$$|x - a| = \begin{cases} x - a & \text{wenn } x > a \\ 0 & \text{wenn } x = a \\ a - x & \text{wenn } x < a \end{cases}$$

$$|x| < a \Leftrightarrow -a < x < a \quad \text{für } a > 0$$

$$|x| > a \Leftrightarrow -\infty < x < -a \vee a < x < \infty \quad \text{für } a > 0$$

$$|a + b| \leqq |a| + |b| \quad \text{(Dreiecksungleichung)}$$

$$|a - b| \geqq |a| - |b|$$

$$|a \cdot b| = |a| \cdot |b|$$

Umformungen in $\mathbb{R}$

A. Binome, Trinome

$$(a+b)^2 = a^2 + 2\,a\,b + b^2 \qquad (a+b)^3 = a^3 + 3\,a^2\,b + 3\,a\,b^2 + b^3$$

$$(a-b)^2 = a^2 - 2\,a\,b + b^2 \qquad (a-b)^3 = a^3 - 3\,a^2\,b + 3\,a\,b^2 - b^3$$

$$(a+b+c)^2 = a^2 + b^2 + c^2 + 2\,a\,b + 2\,a\,c + 2\,b\,c$$

$a^2 + b^2$ in $\mathbb{R}$ nicht zerlegbar $\qquad a^3 + b^3 = (a+b)\,(a^2 - ab + b^2)$

$$a^2 - b^2 = (a+b)\,(a-b) \qquad a^3 - b^3 = (a-b)\,(a^2 + ab + b^2)$$

$$a^n - b^n = (a-b)\,(a^{n-1} + a^{n-2}\,b + a^{n-3}\,b^2 + \ldots + a\,b^{n-2} + b^{n-1})$$

B. Binomischer Satz

1. Fakultät

$$n! = 1 \cdot 2 \cdot 3 \cdot \ldots \cdot (n-1) \cdot n, \quad \text{wobei } n \in \mathbb{N} \setminus \{1\}$$

$$0! = 1; \qquad 1! = 1$$

2. Binomialkoeffizienten ($k, n \in \mathbb{N}$)

$$\binom{n}{k} = \frac{n(n-1)(n-2)\ldots(n-k+1)}{k!} = \frac{n!}{k!\,(n-k)!} \quad \text{für } k \leqq n$$

$$\binom{n}{k} = 0 \text{ für } k > n$$

$$\binom{n}{k} = \binom{n}{n-k}; \qquad \binom{n+1}{k} = \binom{n}{k} + \binom{n}{k-1}$$

3. Binomischer Satz ($n \in \mathbb{N}$)

$$(a+b)^n = \binom{n}{0} a^n + \binom{n}{1} a^{n-1} b + \ldots + \binom{n}{n-1} a\, b^{n-1} + \binom{n}{n} b^n$$

4. Ungleichung von BERNOULLI

$$(1+x)^n \geqq 1 + nx \text{ für } -1 < x;\ n \in \mathbb{N}$$

5. PASCALsches Koeffizienten-Schema

$n = 0$							1						
1						1		1					
2					1		2		1				
3				1		3		3		1			
4			1		4		6		4		1		
5		1		5		10		10		5		1	
6	1		6		15		20		15		6		1
...							...						

C. Proportionen

1. Produktregel

$$a : b = c : d \Rightarrow a\,d = b\,c$$

2. Fortlaufende Proportion

$$a : b : c \ldots = p : q : r \ldots \Rightarrow \begin{cases} a = \lambda\, p \\ b = \lambda\, q \\ c = \lambda\, r \\ \ldots\ldots \end{cases}$$

3. Korrespondierende Addition und Subtraktion

$$a : b = c : d \Rightarrow (a+b) : b = (c+d) : d$$

$$a : b = c : d \Rightarrow (a-b) : b = (c-d) : d$$

$$a : b = c : d \Rightarrow (a+b) : (a-b) = (c+d) : (c-d)$$

D. Mittelwerte

Für das arithmetische Mittel m, das geometrische Mittel g und das harmonische Mittel h gilt:

$$m = \frac{a_1 + a_2 + \ldots + a_n}{n}; \qquad n = 2: \quad m = \frac{a_1 + a_2}{2}$$

$$g = \sqrt[n]{a_1 \cdot a_2 \ldots \cdot a_n}, \quad (a_i > 0); \qquad n = 2: \quad g = \sqrt{a_1 \cdot a_2}$$

$$\frac{1}{h} = \frac{1}{n}\left(\frac{1}{a_1} + \frac{1}{a_2} + \ldots + \frac{1}{a_n}\right), \quad (a_i > 0); \qquad n = 2: \quad \frac{1}{h} = \frac{1}{2}\left(\frac{1}{a_1} + \frac{1}{a_2}\right)$$

Größenvergleich: $h \leqq g \leqq m, \quad (a_i > 0)$

Wurzeln

A. Definition

$\sqrt[n]{a}$ ($a \in \mathbb{R}_0^+$, $n \in \mathbb{N}$) ist jene eindeutig bestimmte nichtnegative Zahl, deren n-te Potenz a ist.

$$\left(\sqrt[n]{a}\right)^n = a, \quad a \in \mathbb{R}_0^+, \quad n \in \mathbb{N}$$

Spezieller Fall:

$\sqrt{a}$ ($a \in \mathbb{R}_0^+$) ist jene eindeutig bestimmte nichtnegative Zahl, deren Quadrat gleich a ist.

$$\left(\sqrt{a}\right)^2 = a, \quad a \in \mathbb{R}_0^+; \qquad \sqrt{a^2} = |a|, \quad a \in \mathbb{R}$$

B. Monotonie

$$0 < a < b \Leftrightarrow 0 < \sqrt[n]{a} < \sqrt[n]{b}$$

C. Rechengesetze ($a, b \geqq 0$)

Produkt: $\sqrt[n]{a} \cdot \sqrt[n]{b} = \sqrt[n]{ab}$ Quotient: $\dfrac{\sqrt[n]{a}}{\sqrt[n]{b}} = \sqrt[n]{\dfrac{a}{b}}, \quad (b \neq 0)$

Potenz: $\left(\sqrt[n]{a}\right)^m = \sqrt[n]{a^m}$ Wurzel: $\sqrt[m]{\sqrt[n]{a}} = \sqrt[n]{\sqrt[m]{a}} = \sqrt[mn]{a}$

Potenzen

A. Definitionen

$a^n = a \cdot a \cdot a \cdot \ldots \cdot a,$ (n Faktoren, $n \in \mathbb{N}$)

$a^1 = a$

$a^0 = 1,$ $(a \neq 0)$

$a^{-n} = \dfrac{1}{a^n},$ $(n \in \mathbb{N},\ a \neq 0)$

$a^{\frac{1}{n}} = \sqrt[n]{a},$ $(n \in \mathbb{N},\ a \in \mathbb{R}_0^+)$

$a^{\frac{m}{n}} = \sqrt[n]{a^m},$ $(m, n \in \mathbb{N},\ a \in \mathbb{R}_0^+)$

$a^{-\frac{m}{n}} = \dfrac{1}{\sqrt[n]{a^m}},$ $(m, n \in \mathbb{N},\ a \in \mathbb{R}^+)$

B. Monotonie

1. Monotoniegesetz: $0 < a < b \wedge x > 0 \Rightarrow 0 < a^x < b^x$

2. Monotoniegesetz: $\begin{cases} x < z \wedge a > 1 \Rightarrow a^x < a^z \\ x < z \wedge 0 < a < 1 \Rightarrow a^x > a^z \end{cases}$

C. Rechengesetze

Für $a, b \in \mathbb{R}^+$ und $x, z \in \mathbb{R}$ gilt:

Produkt: $a^x \cdot a^z = a^{x+z}$ $\qquad a^x \cdot b^x = (a\,b)^x$

Quotient: $\dfrac{a^x}{a^z} = a^{x-z}$ $\qquad \dfrac{a^x}{b^x} = \left(\dfrac{a}{b}\right)^x$

Potenz: $(a^x)^z = a^{x\,z}$

Logarithmen

A. Definition

$\log_b a$ ist jene eindeutig bestimmte Zahl x, mit der man b potenzieren muß, um a zu erhalten ($a \in \mathbb{R}^+$, $b \in \mathbb{R}^+ \setminus \{1\}$):

$$\log_b a = x \Leftrightarrow b^x = a \qquad b^{\log_b a} = a$$

Spezielle Fälle

1. Dekadischer Logarithmus ($b = 10$)

$$\log_{10} a = \lg a; \qquad a = 10^x \Leftrightarrow x = \lg a$$

2. Natürlicher Logarithmus ($b = e = 2{,}71828\ldots$)

$$\log_e a = \ln a; \qquad a = e^x \Leftrightarrow x = \ln a$$

3. Zweierlogarithmus ($b = 2$)

$$\log_2 a = \operatorname{lb} a; \qquad a = 2^x \Leftrightarrow x = \operatorname{lb} a$$

B. Rechengesetze ($u, v > 0$)

$$\log_b (u\, v) = \log_b u + \log_b v \qquad \log_b \frac{u}{v} = \log_b u - \log_b v$$

$$\log_b u^z = z \cdot \log_b u \qquad \log_b \sqrt[n]{u} = \frac{1}{n} \cdot \log_b u$$

C. Basisumrechnung

$$\log_c a = \frac{\log_b a}{\log_b c} \qquad a \in \mathbb{R}^+, \quad b, c \in \mathbb{R}^+ \setminus \{1\}$$

Spezieller Fall: $\ln a = \dfrac{\lg a}{\lg e} \approx \dfrac{\lg a}{0{,}4343} \approx 2{,}3026 \cdot \lg a$

Determinanten und lineare Gleichungen

A. Determinanten

1. Zweireihige Determinante

$$D = \begin{vmatrix} a_{11} & a_{12} \\ a_{21} & a_{22} \end{vmatrix} = a_{11}\, a_{22} - a_{21}\, a_{12}$$

2. Dreireihige Determinante

$$D = \begin{vmatrix} a_{11} & a_{12} & a_{13} \\ a_{21} & a_{22} & a_{23} \\ a_{31} & a_{32} & a_{33} \end{vmatrix}$$

Entwicklung nach der ersten Spalte:

$$D = a_{11} \begin{vmatrix} a_{22} & a_{23} \\ a_{32} & a_{33} \end{vmatrix} - a_{21} \begin{vmatrix} a_{12} & a_{13} \\ a_{32} & a_{33} \end{vmatrix} + a_{31} \begin{vmatrix} a_{12} & a_{13} \\ a_{22} & a_{23} \end{vmatrix} =$$

$$= a_{11}\, A_{11} + a_{21}\, A_{21} + a_{31}\, A_{31}$$

A_{ik} ist das algebraische Komplement zu a_{ik}.
U_{ik} ist jene Unterdeterminante, die durch Streichung der i-ten Zeile und k-ten Spalte aus D entsteht.

$$A_{ik} = (-1)^{i+k}\, U_{ik}$$

Regel von SARRUS

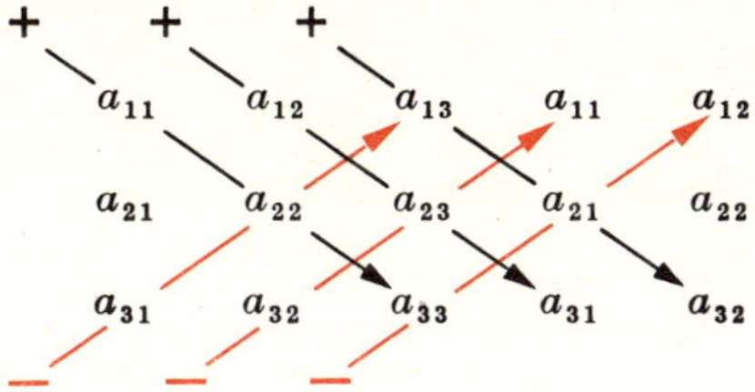

3. Determinantensätze.

I. Der Wert einer Determinante ändert sich nicht, wenn man
   a) die Zeilen mit den Spalten vertauscht,
   b) die mit dem gleichen Faktor multiplizierten Elemente einer Reihe zu den entsprechenden Elementen einer parallelen anderen Reihe addiert.

II. Eine Determinante ändert ihr Vorzeichen, wenn man zwei parallele Reihen miteinander vertauscht.

III. Eine Determinante hat den Wert Null, wenn
   a) alle Elemente einer Reihe Null sind,
   b) zwei parallele Reihen gleich oder proportional sind.

IV. Eine Determinante wird mit einem Faktor multipliziert, indem man alle Elemente einer Reihe mit diesem Faktor multipliziert.

B. Zwei Gleichungen mit zwei Variablen x_1, x_2

Das System
$$a_{11}x_1 + a_{12}x_2 = b_1$$
$$a_{21}x_1 + a_{22}x_2 = b_2$$
hat

1. genau eine Lösung $(x_1; x_2)$ dann und nur dann, wenn $D = \begin{vmatrix} a_{11} & a_{12} \\ a_{21} & a_{22} \end{vmatrix} \neq 0$, wobei

$$x_1 = \frac{D_1}{D} = \frac{\begin{vmatrix} b_1 & a_{12} \\ b_2 & a_{22} \end{vmatrix}}{D}, \quad x_2 = \frac{D_2}{D} = \frac{\begin{vmatrix} a_{11} & b_1 \\ a_{21} & b_2 \end{vmatrix}}{D}$$

2. keine Lösung, wenn
   a) $D = 0$ und $D_1 \neq 0$ oder $D_2 \neq 0$,
   b) alle $a_{ik} = 0$ und mindestens ein $b_i \neq 0$;

3. unendlich viele Lösungen, wenn
   a) $D = D_1 = D_2 = 0$ und nicht alle a_{ik} gleich Null sind,
   b) alle a_{ik} und b_i gleich Null sind.

C. Drei Gleichungen mit drei Variablen x_1, x_2, x_3

Das System
$$\begin{aligned} a_{11}x_1 + a_{12}x_2 + a_{13}x_3 &= b_1 \\ a_{21}x_1 + a_{22}x_2 + a_{23}x_3 &= b_2 \\ a_{31}x_1 + a_{32}x_2 + a_{33}x_3 &= b_3 \end{aligned}$$
hat

genau eine Lösung $(x_1; x_2; x_3)$ dann und nur dann, wenn $D = \begin{vmatrix} a_{11} & a_{12} & a_{13} \\ a_{21} & a_{22} & a_{23} \\ a_{31} & a_{32} & a_{33} \end{vmatrix} \neq 0$. Es ist

$$x_1 = \frac{D_1}{D}, \quad x_2 = \frac{D_2}{D}, \quad x_3 = \frac{D_3}{D} \quad \text{wobei}$$

$$D_1 = \begin{vmatrix} b_1 & a_{12} & a_{13} \\ b_2 & a_{22} & a_{23} \\ b_3 & a_{32} & a_{33} \end{vmatrix}; \quad D_2 = \begin{vmatrix} a_{11} & b_1 & a_{13} \\ a_{21} & b_2 & a_{23} \\ a_{31} & b_3 & a_{33} \end{vmatrix}; \quad D_3 = \begin{vmatrix} a_{11} & a_{12} & b_1 \\ a_{21} & a_{22} & b_2 \\ a_{31} & a_{32} & b_3 \end{vmatrix}$$

Nichtlineare Gleichungen

A. Quadratische Gleichungen mit reellen Koeffizienten

1. Die Gleichung $a x^2 + b x + c = 0$ mit $a, b, c \in \mathbb{R}$, $a \neq 0$ hat

die reellen Lösungen	die komplexen Lösungen
$x_{1,2} = \dfrac{-b \pm \sqrt{b^2 - 4ac}}{2a}$	$x_{1,2} = \dfrac{-b \pm \mathrm{i}\sqrt{-(b^2 - 4ac)}}{2a}$

je nachdem die Diskriminante

$b^2 - 4ac \geqq 0$	$b^2 - 4ac < 0$

2. Satz von Vieta: $x_1 + x_2 = -\dfrac{b}{a}$, $x_1 x_2 = \dfrac{c}{a}$

B. Gleichungen höheren Grades

1. Das Polynom n-ten Grades $f(x) = a_n x^n + a_{n-1} x^{n-1} + \ldots + a_0$ $(a_n \neq 0)$ mit reellen oder komplexen Koeffizienten hat die Nullstelle α, wenn $f(\alpha) = 0$. α heißt Lösung der Gleichung $f(x) = 0$.

2. Fundamentalsatz

   Jede Gleichung n-ten Grades $(n \geqq 1)$ mit reellen oder komplexen Koeffizienten hat mindestens eine reelle oder komplexe Lösung.

3. Reduktionssatz

   Hat die Gleichung $f(x) = 0$ die Lösung α, so ist das Polynom $f(x)$ durch $(x - \alpha)$ teilbar; d. h.: $f(x) = (x - \alpha)\, g(x)$, wobei der Grad von $g(x)$ um 1 niedriger ist als der Grad von $f(x)$.

4. Zerlegungssatz

   Jedes Polynom n-ten Grades kann in ein Produkt von n Linearfaktoren zerlegt werden.

   $$f(x) = a_n x^n + a_{n-1} x^{n-1} + \ldots + a_0 \qquad (a_n \neq 0)$$
   $$= a_n (x - \alpha_1)(x - \alpha_2)(x - \alpha_3) \ldots (x - \alpha_n)$$

   $\alpha_1, \alpha_2, \alpha_3, \ldots \alpha_n \in \mathbb{C}$ sind die Nullstellen des Polynoms, die nicht alle voneinander verschieden sein müssen.

5. Koeffizientensatz

   Sind $\alpha_1, \alpha_2, \alpha_3, \ldots \alpha_n$ die Lösungen der normierten Gleichung n-ten Grades

   $$x^n + a_{n-1} x^{n-1} + a_{n-2} x^{n-2} + \ldots + a_0 = 0$$

   so ist
   $$\alpha_1 + \alpha_2 + \ldots + \alpha_n = -a_{n-1}$$
   $$\alpha_1 \alpha_2 + \alpha_1 \alpha_3 + \ldots + \alpha_{n-1} \alpha_n = a_{n-2}$$
   $$\alpha_1 \alpha_2 \alpha_3 + \alpha_1 \alpha_2 \alpha_4 + \ldots + \alpha_{n-2} \alpha_{n-1} \alpha_n = -a_{n-3}$$
   $$\ldots\ldots$$
   $$\alpha_1 \alpha_2 \ldots \alpha_n = (-1)^n a_0$$

6. Weitere Sätze

   Jede Gleichung von ungeradem Grad mit reellen Koeffizienten besitzt mindestens eine reelle Lösung.

   Hat eine Gleichung n-ten Grades mit reellen Koeffizienten die komplexe Lösung $\alpha = a + b\,\mathrm{i}$, so ist auch die konjugiert komplexe Zahl $\bar{\alpha} = a - b\,\mathrm{i}$ eine Lösung.

   Bei einer normierten Gleichung

   $$x^n + a_{n-1} x^{n-1} + a_{n-2} x^{n-2} + \ldots + a_0 = 0$$

   mit ganzzahligen Koeffizienten ist jede rationale Lösung ganzzahlig und Teiler von a_0.

C. Näherungsverfahren zur Lösung von Gleichungen höheren Grades

1. Sehnenverfahren (Regula falsi)

Sind x_1 und x_2 zwei die Nullstelle α von $f(x)$ einschließende Näherungswerte, und haben $f(x_1)$ und $f(x_2)$ verschiedene Vorzeichen, so ist

$$x_S = x_1 - f(x_1)\,\frac{x_2 - x_1}{f(x_2) - f(x_1)}$$

ein neuer, besserer Näherungswert für α.

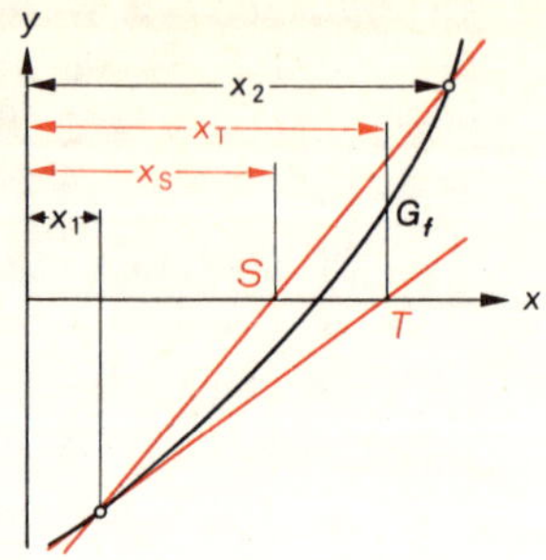

2. Tangentenverfahren (Newtonsche Näherung)

Ist x_1 ein Näherungswert für die Nullstelle α von $f(x)$, so ist

$$x_T = x_1 - \frac{f(x_1)}{f'(x_1)}$$

ein neuer, im allgemeinen besserer Näherungswert.

3. Iterationsverfahren

Die Gleichung $f(x) = 0$ wird in die Form $x = g(x)$ gebracht. Beginnend mit dem Näherungswert x_1, wird die Iterationsfolge $x_{n+1} = g(x_n)$ definiert. Wenn diese Folge gegen α konvergiert, so ist, wenn $g(x)$ eine stetige Funktion ist, $\alpha = g(\alpha)$, also $f(\alpha) = 0$.

Konvergenzkriterium: Die Iterationsfolge $x_{n+1} = g(x_n)$ konvergiert gegen α, wenn $g(x)$ in der Umgebung von α eine Ableitung besitzt, deren Betrag dort nirgends eine Schranke $q < 1$ überschreitet und x_1 bereits in dieser Umgebung liegt.

Näherungsformeln

A. Fehler

Ist der Meßwert m, der wahre Wert w, so gilt:

Absoluter Fehler: $f_a = |m - w|$

Relativer Fehler: $f_r = \dfrac{f_a}{w}$

Prozentualer Fehler: $f_p = f_r \cdot 100\,\%$

B. Näherungen

1. $(1 + x)^n \approx 1 + n\,x$

n	Näherung	$f_p < 1\%$	$f_p < 0{,}1\%$
2	$(1+x)^2 \approx 1+2\,x$	$-0{,}10 < x < 0{,}10$	$-0{,}03 < x < 0{,}03$
3	$(1+x)^3 \approx 1+3\,x$	$-0{,}05 < x < 0{,}05$	$-0{,}01 < x < 0{,}01$
-1	$\frac{1}{1+x} \approx 1-x$	$-0{,}10 < x < 0{,}10$	$-0{,}03 < x < 0{,}03$
$\frac{1}{2}$	$\sqrt{1+x} \approx 1+\frac{x}{2}$	$-0{,}24 < x < 0{,}32$	$-0{,}08 < x < 0{,}09$
$-\frac{1}{2}$	$\frac{1}{\sqrt{1+x}} \approx 1-\frac{x}{2}$	$-0{,}15 < x < 0{,}16$	$-0{,}05 < x < 0{,}05$
$\frac{1}{3}$	$\sqrt[3]{1+x} \approx 1+\frac{x}{3}$	$-0{,}26 < x < 0{,}34$	$-0{,}09 < x < 0{,}09$

2. Trigonometrische Terme

	Näherung	$f_p < 1\%$	$f_p < 0{,}1\%$
x Bogenmaß	$\sin x \approx x$	$-0{,}24 < x < 0{,}24$	$-0{,}07 < x < 0{,}07$
	$\tan x \approx x$	$-0{,}17 < x < 0{,}17$	$-0{,}05 < x < 0{,}05$
	$\cos x \approx 1-\frac{x^2}{2}$	$-0{,}65 < x < 0{,}65$	$-0{,}35 < x < 0{,}35$

Matrizen

A. Definitionen

1. Eine Matrix mit n Spalten und m Zeilen ist ein Schema von $n\,m$ Zahlen der Form:

$$\mathfrak{A} = \begin{pmatrix} a_{11}\, a_{12} & \ldots\, a_{1n} \\ a_{21}\, a_{22} & \ldots\, a_{2n} \\ \ldots\ldots & \ldots\ldots \\ a_{m1}\, a_{m2} & \ldots\, a_{mn} \end{pmatrix} = (a_{ik}) \text{ mit } i = 1, \ldots m;\ k = 1, \ldots n$$

2. Zwei Matrizen heißen *gleichartig*, wenn sie die gleiche Zahl von Zeilen und die gleiche Zahl von Spalten besitzen.
3. Eine Matrix heißt eine *n-reihige quadratische* Matrix, wenn $m = n$ ist:

$$\mathfrak{A} = \begin{pmatrix} a_{11}\,a_{12} & \ldots a_{1n} \\ a_{21}\,a_{22} & \ldots a_{2n} \\ \ldots\ldots & \ldots\ldots \\ a_{n1}\,a_{n2} & \ldots a_{nn} \end{pmatrix} = (a_{ik}) \quad \text{mit } i, k = 1, \ldots n$$

speziell $n = 2$: $\mathfrak{A} = \begin{pmatrix} a_{11}\,a_{12} \\ a_{21}\,a_{22} \end{pmatrix}$

Eine zweireihige Matrix heißt *orthogonal*, wenn gilt:

$$a_{11}^2 + a_{12}^2 = 1 \wedge a_{21}^2 + a_{22}^2 = 1 \wedge a_{11}\,a_{21} + a_{12}\,a_{22} = 0$$

zweireihige Einheitsmatrix: $\mathfrak{E} = \begin{pmatrix} 1 & 0 \\ 0 & 1 \end{pmatrix}$; $\mathfrak{E}\,\mathfrak{A} = \mathfrak{A}\,\mathfrak{E} = \mathfrak{A}$

zweireihige Nullmatrix: $\mathfrak{O} = \begin{pmatrix} 0 & 0 \\ 0 & 0 \end{pmatrix}$

Determinante: $|\mathfrak{A}| = \begin{vmatrix} a_{11}\,a_{12} \\ a_{21}\,a_{22} \end{vmatrix} = a_{11}\,a_{22} - a_{12}\,a_{21}$

B. Operationen mit Matrizen

Für $\mathfrak{A} = (a_{ik})$, $\mathfrak{B} = (b_{ik})$ gilt:

1. Summe gleichartiger Matrizen

$$\mathfrak{A} + \mathfrak{B} = (a_{ik} + b_{ik})$$

speziell $n = 2$: $\mathfrak{A} + \mathfrak{B} = \begin{pmatrix} a_{11} + b_{11} & a_{12} + b_{12} \\ a_{21} + b_{21} & a_{22} + b_{22} \end{pmatrix}$

2. Vielfaches

$$\lambda\,\mathfrak{A} = (\lambda\,a_{ik})$$

speziell $n = 2$: $\lambda\,\mathfrak{A} = \begin{pmatrix} \lambda\,a_{11} & \lambda\,a_{12} \\ \lambda\,a_{21} & \lambda\,a_{22} \end{pmatrix}$

3. Produkt quadratischer Matrizen

$$\mathfrak{A}\,\mathfrak{B} = \left(\sum_{j=1}^{n} a_{ij}\,b_{jk} \right)$$

speziell $n = 2$: $\mathfrak{A}\,\mathfrak{B} = \begin{pmatrix} a_{11}\,b_{11} + a_{12}\,b_{21} & a_{11}\,b_{12} + a_{12}\,b_{22} \\ a_{21}\,b_{11} + a_{22}\,b_{21} & a_{21}\,b_{12} + a_{22}\,b_{22} \end{pmatrix}$

4. Inverse Matrix einer quadratischen Matrix

$$\mathfrak{A}^{-1} = \frac{1}{|\mathfrak{A}|}(A_{ki}),\ |\mathfrak{A}| \neq 0;\ \mathfrak{A}\,\mathfrak{A}^{-1} = \mathfrak{A}^{-1}\,\mathfrak{A} = \mathfrak{E};\ (A_{ki} \text{ vgl. S. 17})$$

speziell $n = 2$: $$\mathfrak{A}^{-1} = \frac{1}{|\mathfrak{A}|}\begin{pmatrix} A_{11} & A_{21} \\ A_{12} & A_{22} \end{pmatrix} = \frac{1}{|\mathfrak{A}|}\begin{pmatrix} a_{22} & -a_{12} \\ -a_{21} & a_{11} \end{pmatrix}$$

5. Transponierte Matrix

$$\mathfrak{A}^T = (a_{ki})$$

speziell $n = 2$: $$\mathfrak{A}^T = \begin{pmatrix} a_{11} & a_{21} \\ a_{12} & a_{22} \end{pmatrix}$$

6. Produkt einer zweireihigen Matrix mit einem Vektor

$$\mathfrak{A}\vec{x} = \begin{pmatrix} a_{11} & a_{12} \\ a_{21} & a_{22} \end{pmatrix}\begin{pmatrix} x_1 \\ x_2 \end{pmatrix} = \begin{pmatrix} a_{11}x_1 + a_{12}x_2 \\ a_{21}x_1 + a_{22}x_2 \end{pmatrix}$$

C. Rang einer Matrix

Eine Matrix hat den Rang r, wenn sich aus ihr mindestens eine von Null verschiedene r-reihige Unterdeterminante bilden läßt, während alle $(r + 1)$-reihigen Unterdeterminanten – soweit vorhanden – den Wert Null haben.

Kombinatorik

Index oW: ohne Wiederholung; Index mW: mit Wiederholung.

A. Permutationen

1. Anzahl der Permutationen von n verschiedenen Elementen

$$P_{oW}(n) = n!$$

Beispiel: 3 Elemente $a, b, c \Rightarrow P_{oW}(3) = 6$

Permutationen: $abc,\ acb,\ bac,\ bca,\ cab,\ cba$

2. Anzahl der Permutationen von n Elementen, wobei je n_i Elemente untereinander gleich sind $(i = 1, 2, \ldots, p)$

$$P_{mW}(n; n_i) = \frac{n!}{n_1!\,n_2!\ldots n_p!}$$

Beispiel: 3 Elemente $a, a, b \Rightarrow P_{mW}(3; 2, 1) = \frac{6}{2} = 3$

Permutationen: $aab,\ aba,\ baa$

B. Kombinationen (ohne Berücksichtigung der Anordnung)

1. Anzahl der Kombinationen zu je k Elementen aus n verschiedenen Elementen bzw. Anzahl der k-Teilmengen aus einer n-Menge

$$\mathrm{K_{oW}}\,(n;k) = \binom{n}{k}$$

Beispiel: 4 Elemente a, b, c, d; $k = 2 \Rightarrow \mathrm{K_{oW}}\,(4;2) = \dfrac{4\cdot 3}{1\cdot 2} = 6$

Kombinationen: $ab,\ ac,\ ad,\ bc,\ bd,\ cd$

2. Anzahl der Kombinationen zu je k Elementen aus n verschiedenen Elementen mit Wiederholung der Elemente

$$\mathrm{K_{mW}}\,(n;k) = \binom{n+k-1}{k}$$

Beispiel: 4 Elemente a, b, c, d; $k = 2 \Rightarrow \mathrm{K_{mW}}\,(4;2) = \binom{4+2-1}{2} = \binom{5}{2} = 10$

Kombinationen: $aa,\ ab,\ ac,\ ad,\ bb,\ bc,\ bd,\ cc,\ cd,\ dd$

C. Variationen (mit Berücksichtigung der Anordnung)

1. Anzahl der Variationen zu je k Elementen aus n verschiedenen Elementen ohne Wiederholung der Elemente bzw. Anzahl der k-Permutationen aus einer n-Menge

$$\mathrm{V_{oW}}\,(n;k) = k!\binom{n}{k}$$

Beispiel: 3 Elemente a, b, c; $k = 2 \Rightarrow \mathrm{V_{oW}}\,(3;2) = 2!\binom{3}{2} = 6$

Variationen: $ab,\ ac,\ ba,\ bc,\ ca,\ cb$

2. Anzahl der Variationen zu je k Elementen aus n verschiedenen Elementen mit Wiederholung der Elemente bzw. Anzahl der k-Tupel aus einer n-Menge mit Wiederholung der Elemente

$$\mathrm{V_{mW}}\,(n;k) = n^k$$

Beispiel: 3 Elemente a, b, c; $k = 2 \Rightarrow \mathrm{V_{mW}}\,(3;2) = 3^2 = 9$

Variationen: $aa,\ ab,\ ac,\ bb,\ bc,\ ba,\ cc,\ cb,\ ca$

Bezeichnungen

A. Besondere Mengen

A, B, P	Punkte
g, h, m, w	Geraden
AB, $g(A; B)$	Gerade durch die Punkte A und B
g_A	Halbgerade mit dem Anfangspunkt A
$[AC$	Halbgerade mit dem Anfangspunkt A durch den Punkt C
$[AB]$	Strecke mit den Endpunkten A und B
$k(M; r)$	Kreis um M mit Radius r
$k_i(M; r)$	Inneres von $k(M; r)$
$k_a(M; r)$	Äußeres von $k(M; r)$

B. Relationen

$M_1 \cong M_2$	M_1 ist kongruent zu M_2
$M_1 \sim M_2$	M_1 ist ähnlich zu M_2
$g \parallel h$	Gerade g ist parallel zur Geraden h
$g \perp h$	Gerade g steht senkrecht auf der Geraden h

C. Größen

$\overline{AB}$	Länge der Strecke $[AB]$
a, b, c, s	Streckenlängen
$d(P; g)$	Abstand des Punktes P von der Geraden g
$\sphericalangle ASB$	Winkel mit dem Scheitel S und den Schenkeln $[SA$ und $[SB$
α, β, γ	Winkelgrößen
A	Flächeninhalt
V	Rauminhalt, Volumen
S	Oberflächeninhalt
M	Flächeninhalt des Mantels

D. Abbildungen

$P \rightarrow P'$	Punktabbildung: P wird in P' abgebildet
$P \underset{a}{\mid} P'$	Abbildung durch Achsenspiegelung: P gespiegelt an a ergibt P'
$P \xrightarrow{Z} P'$	Abbildung durch Punktspiegelung: P gespiegelt an Z ergibt P'
$P \xrightarrow[k]{Z} P'$	Abbildung durch zentrische Streckung mit Z als Zentrum und k als Abbildungsfaktor
$S\,(a)$	Achsenspiegelung an der Achse a
$S\,(Z;k)$	Zentrische Streckung mit Zentrum Z und Abbildungsfaktor k
$D\,(M;\varphi)$	Drehung mit Drehpunkt M und Drehwinkel φ
$A_2 \circ A_1$	Verknüpfung zweier Abbildungen; A_2 nach A_1

Planimetrie

A. Allgemeine Sätze

1. Strahlensätze

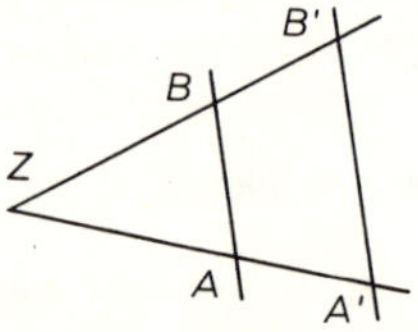

(1) $AB \parallel A'B' \Leftrightarrow \begin{cases} \overline{ZA} : \overline{ZA'} = \overline{ZB} : \overline{ZB'} \\ \overline{ZA} : \overline{AA'} = \overline{ZB} : \overline{BB'} \end{cases}$

(2) $AB \parallel A'B' \Rightarrow \overline{AB} : \overline{A'B'} = \overline{ZA} : \overline{ZA'}$

2. Harmonische Teilung der Strecke $[AB]$

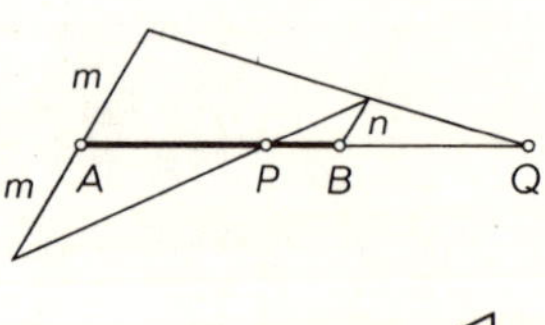

$\overline{AP} : \overline{PB} = \overline{AQ} : \overline{QB} = m : n$

3. Stetige Teilung der Strecke a

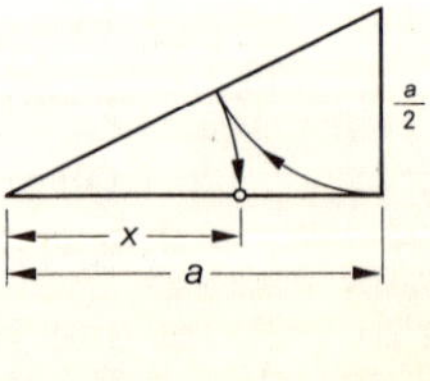

$$a : x = x : (a - x) \Rightarrow x = \frac{a}{2}(\sqrt{5} - 1)$$

B. Das Dreieck

1. Gleichseitiges Dreieck

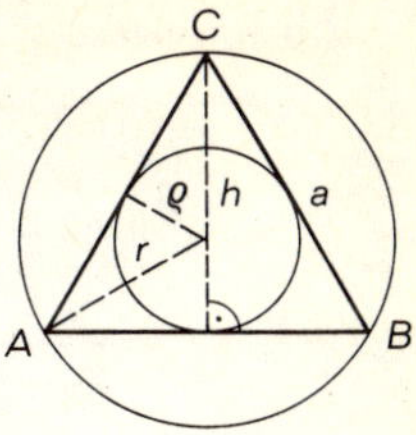

$$h = \frac{a}{2}\sqrt{3} \qquad A = \frac{a^2}{4}\sqrt{3}$$

$$r = \frac{a}{3}\sqrt{3} \qquad \varrho = \frac{a}{6}\sqrt{3}$$

2. Rechtwinkliges Dreieck

r Umkreisradius, ϱ Inkreisradius

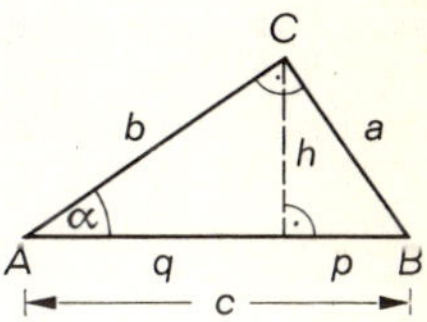

$$A = \frac{a\,b}{2} = \frac{c\,h}{2} \qquad r = \frac{c}{2}$$

$$\varrho = \frac{a + b - c}{2} = \frac{a\,b}{a + b + c}$$

Satz des PYTHAGORAS: $a^2 + b^2 = c^2$

Höhensatz: $h^2 = p\,q$

Kathetensatz: $a^2 = c\,p; \quad b^2 = c\,q$

Winkelfunktionen:

$$\sin\alpha = \frac{a}{c}; \quad \cos\alpha = \frac{b}{c}; \quad \tan\alpha = \frac{a}{b}; \quad \cot\alpha = \frac{b}{a}$$

3. Allgemeines Dreieck

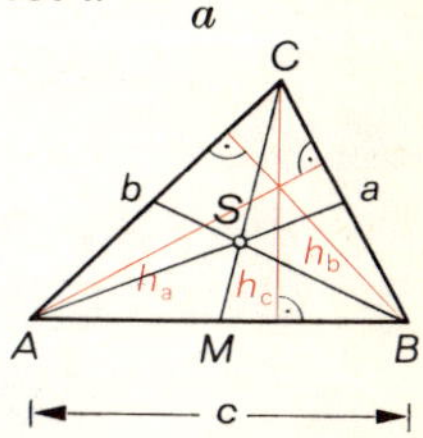

Schwerpunkt:

$$\overline{CS} : \overline{SM} = 2 : 1$$

Höhenverhältnis:

$$h_a : h_b : h_c = \frac{1}{a} : \frac{1}{b} : \frac{1}{c}$$

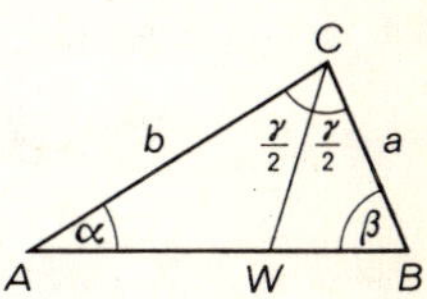

Winkelhalbierende:

$$\overline{AW} : \overline{WB} = b : a$$

Flächeninhalt:

$$A = \frac{g \cdot h}{2} = \frac{a\,b\,c}{4\,r} = \frac{1}{2}\,a\,b\sin\gamma =$$

$$= \sqrt{s\,(s-a)\,(s-b)\,(s-c)} = \varrho \cdot s \quad \text{mit} \quad 2\,s = a + b + c$$

Sinussatz:

$$a : b : c = \sin\alpha : \sin\beta : \sin\gamma$$

Kosinussatz:

$$a^2 = b^2 + c^2 - 2\,b\,c\cos\alpha;\quad b^2 = a^2 + c^2 - 2\,a\,c\cos\beta;\quad c^2 = a^2 + b^2 - 2\,a\,b\cos\gamma$$

Tangenssatz:

$$\frac{a+b}{a-b} = \frac{\tan\frac{\alpha+\beta}{2}}{\tan\frac{\alpha-\beta}{2}};\quad \frac{b+c}{b-c} = \frac{\tan\frac{\beta+\gamma}{2}}{\tan\frac{\beta-\gamma}{2}};\quad \frac{c+a}{c-a} = \frac{\tan\frac{\gamma+\alpha}{2}}{\tan\frac{\gamma-\alpha}{2}}$$

Halbwinkelsatz:

$$\tan\frac{\alpha}{2} = \sqrt{\frac{(s-b)(s-c)}{s(s-a)}};\quad \tan\frac{\beta}{2} = \sqrt{\frac{(s-a)(s-c)}{s(s-b)}};\quad \tan\frac{\gamma}{2} = \sqrt{\frac{(s-a)(s-b)}{s(s-c)}}$$

mit $2s = a + b + c$

C. Das Viereck

Quadrat:

$$d = a\sqrt{2} \qquad A = a^2$$

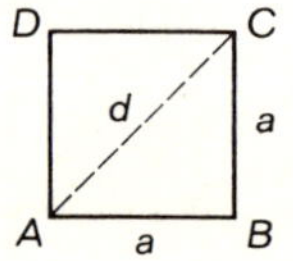

Rechteck:

$$d = \sqrt{a^2 + b^2} \qquad A = a\,b$$

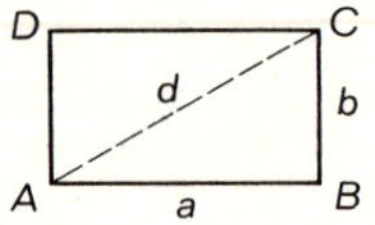

Parallelogramm:

$$A = a\,h_a = b\,h_b = a\,b\sin\alpha$$

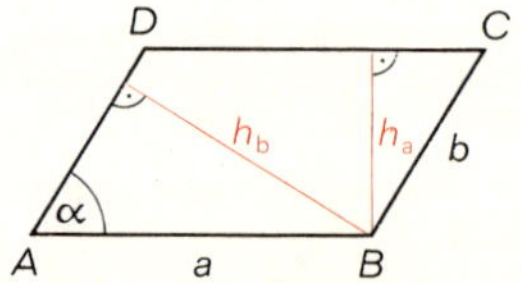

Trapez:

$$m = \frac{a+c}{2} \qquad A = m\,h$$

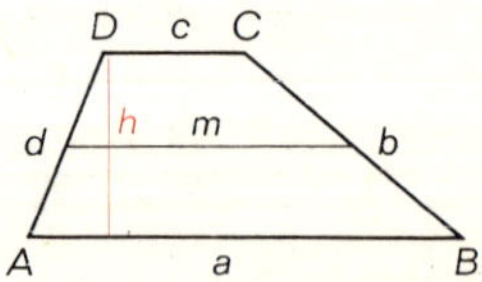

Sehnenviereck:

$$\alpha + \gamma = \beta + \delta = 180°$$

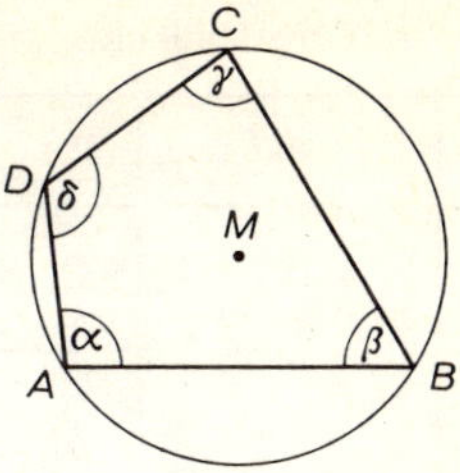

Tangentenviereck:

$$a + c = b + d$$
$$A = \varrho \cdot s$$
$$\text{mit } 2\,s = a + b + c + d$$

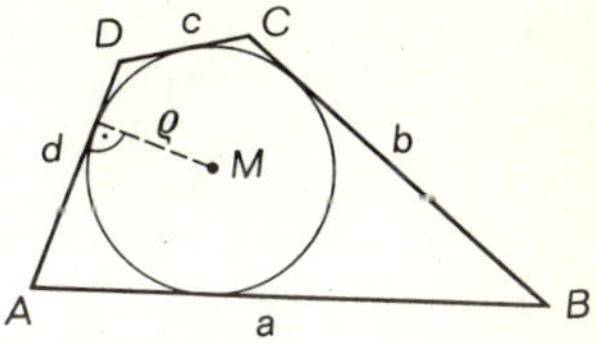

D. Das regelmäßige Vieleck

r Kreisradius

s_n Länge der Seite, A_{s_n} Flächeninhalt } des einbeschriebenen regelmäßigen n-Ecks

S_n Länge der Seite, A_{S_n} Flächeninhalt } des umbeschriebenen regelmäßigen n-Ecks

ϱ_n Radius des dem regelmäßigen n-Eck einbeschriebenen Kreises

1. Allgemeine Formeln

$$s_{2n} = r\sqrt{2 - 2\sqrt{1 - \left(\frac{s_n}{2r}\right)^2}} \qquad S_n = \frac{s_n}{\sqrt{1 - \left(\frac{s_n}{2r}\right)^2}}$$

$$\varrho_n = r\sqrt{1 - \left(\frac{s_n}{2r}\right)^2} \qquad A_{S_n} = \frac{n}{2}\, S_n\, r$$

$$A_{s_n} = \frac{n\, r\, s_n}{2}\sqrt{1 - \left(\frac{s_n}{2r}\right)^2} = \frac{n\, r^2}{2}\sin\left(\frac{360°}{n}\right)$$

2. Besondere Vielecke

n	s_n	S_n	ϱ_n	A_{s_n}
3	$r\sqrt{3}$	$2\,r\sqrt{3}$	$\frac{r}{2}$	$\frac{3}{4}\,r^2\sqrt{3}$
4	$r\sqrt{2}$	$2\,r$	$\frac{r}{2}\sqrt{2}$	$2\,r^2$
5	$\frac{r}{2}\sqrt{10-2\sqrt{5}}$	$2\,r\sqrt{5-2\sqrt{5}}$	$\frac{r}{4}(\sqrt{5}+1)$	$\frac{5}{8}\,r^2\sqrt{10+2\sqrt{5}}$
6	r	$\frac{2}{3}\,r\sqrt{3}$	$\frac{r}{2}\sqrt{3}$	$\frac{3}{2}\,r^2\sqrt{3}$
10	$\frac{r}{2}(\sqrt{5}-1)$	$\frac{2}{5}\,r\sqrt{25-10\sqrt{5}}$	$\frac{r}{4}\sqrt{10+2\sqrt{5}}$	$\frac{5}{4}\,r^2\sqrt{10-2\sqrt{5}}$

E. Der Kreis

Winkelbeziehungen: $\tau = \beta = \frac{\varphi}{2}$

Sehnensatz: $\overline{SA} \cdot \overline{SB} = \overline{SC} \cdot \overline{SD}$

Sekanten-Tangentensatz: $\overline{SA} \cdot \overline{SB} = \overline{SC} \cdot \overline{SD} = \overline{ST}^2$

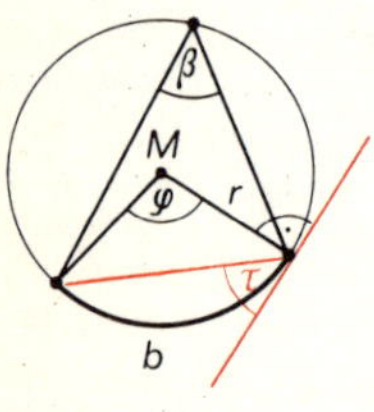

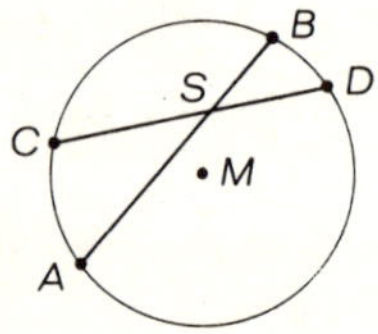

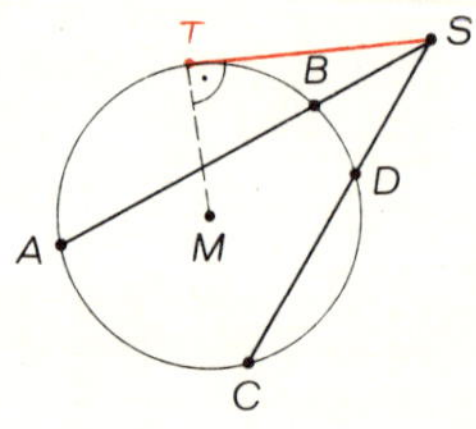

Umfang: $u = 2\,r\,\pi$

Bogen: $b = \frac{\varphi}{180°}\,r\,\pi = r\,x$

Bogenmaß x von φ: $x = \frac{\varphi}{180°}\,\pi$

Kreisflächeninhalt: $A = r^2\,\pi$

Sektorflächeninhalt: $A = \frac{\varphi}{360°}\,r^2\,\pi = \frac{1}{2}\,b\,r = \frac{1}{2}\,r^2\,x$

Der Kreis als geometrischer Ort

THALESkreis: Die Scheitel aller rechten Winkel über einer Strecke $[AB]$ liegen auf dem Kreis mit dem Durchmesser $\overline{AB}$.

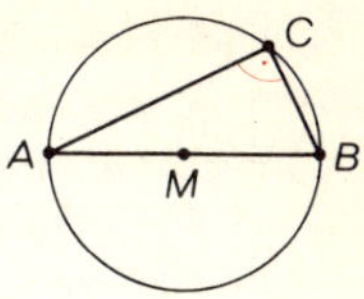

Kreis des APOLLONIUS: Alle Punkte P, für die das Entfernungsverhältnis $\overline{AP} : \overline{BP}$ konstant ist, liegen auf dem Kreis über $[ST]$, wobei S der innere und T der äußere Teilpunkt ist.

$\overline{AS} : \overline{BS} = \overline{AT} : \overline{BT} = \overline{AP} : \overline{BP}$

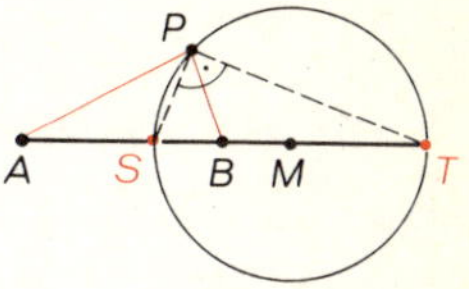

Abbildungen in der Ebene

A. Kongruenzabbildungen

1. Achsenspiegelung

   Jeder Punkt P außerhalb der Achse bestimmt mit seinem Bildpunkt P' eine Strecke, die von der Achse rechtwinklig halbiert wird. Die Achsenpunkte sind Fixpunkte der Abbildung.

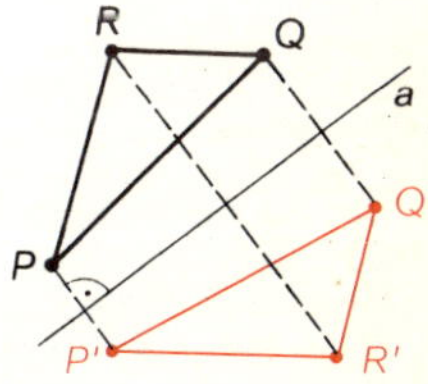

2. Verschiebung

   Jeder Punkt P bestimmt mit seinem Bildpunkt P' eine Strecke konstanter Länge, Richtung und Orientierung. Eine Verschiebung kann durch aufeinanderfolgende Spiegelungen an zwei parallelen Achsen erzeugt werden.

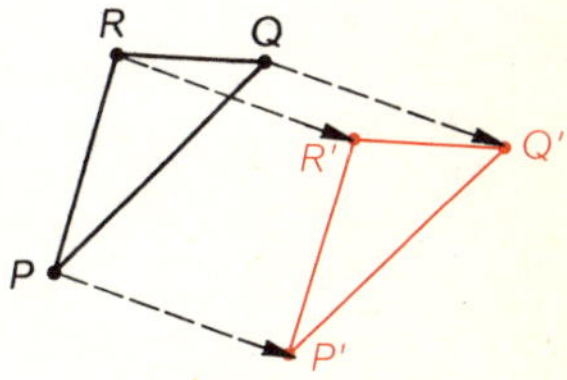

3. Drehung

   Jeder vom Drehpunkt M verschiedene Punkt P bestimmt mit seinem Bildpunkt P' einen nach Größe und Orientierung konstanten Winkel PMP'. Außerdem gilt: $\overline{PM} = \overline{P'M}$. Eine Drehung kann durch aufeinanderfolgende Spiegelungen an zwei sich schneidenden Achsen erzeugt werden.

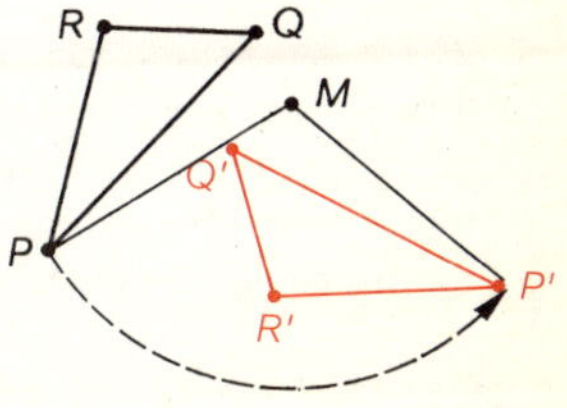

4. Gleit- (Schub-) Spiegelung

Eine aus einer Achsenspiegelung und einer Verschiebung in Achsenrichtung zusammengesetzte Abbildung heißt Gleit- oder Schubspiegelung.

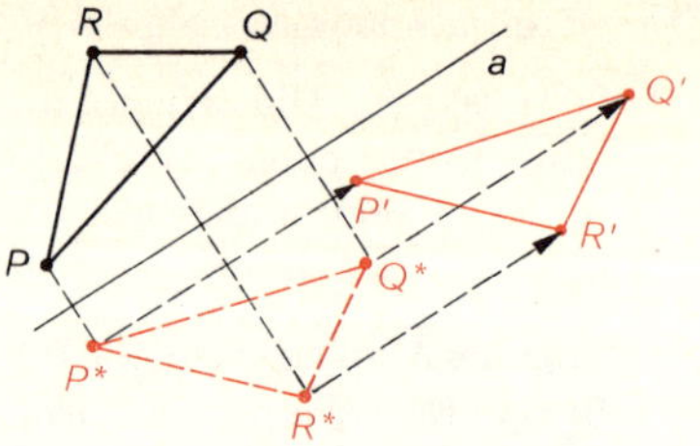

B. Ähnlichkeitsabbildungen

1. Zentrische Streckung

Jeder vom Zentrum Z verschiedene Punkt P bestimmt mit seinem Bildpunkt P' eine Gerade durch Z, so daß $\overrightarrow{ZP'} = k \cdot \overrightarrow{ZP}$ ist (k konstant). Das Zentrum Z ist Fixpunkt der Abbildung.

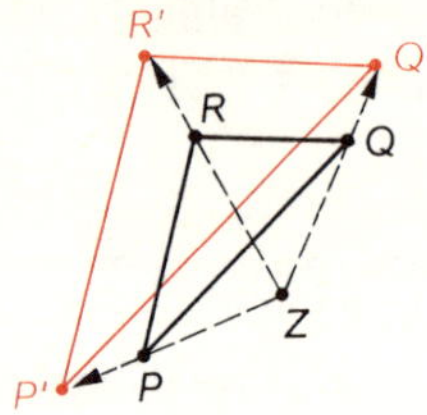

2. Klapp- (Spiegel-) Streckung

Eine aus einer Achsenspiegelung und einer zentrischen Streckung mit dem Zentrum auf der Spiegelachse zusammengesetzte Abbildung heißt Klapp- oder Spiegelstrekkung.

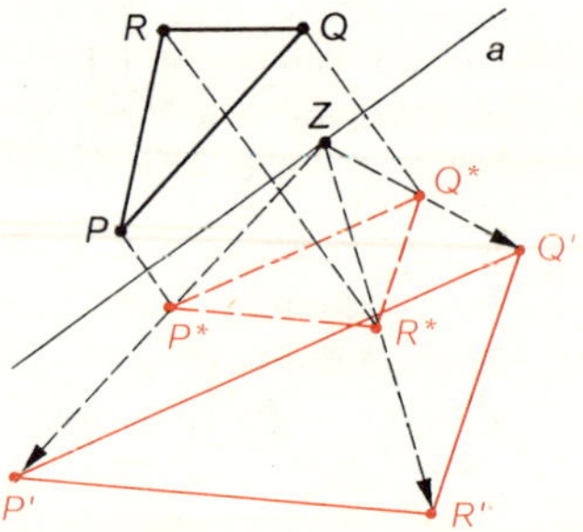

3. Drehstreckung

Eine aus einer zentrischen Streckung und einer Drehung um das Streckungszentrum zusammengesetzte Abbildung heißt Drehstreckung.

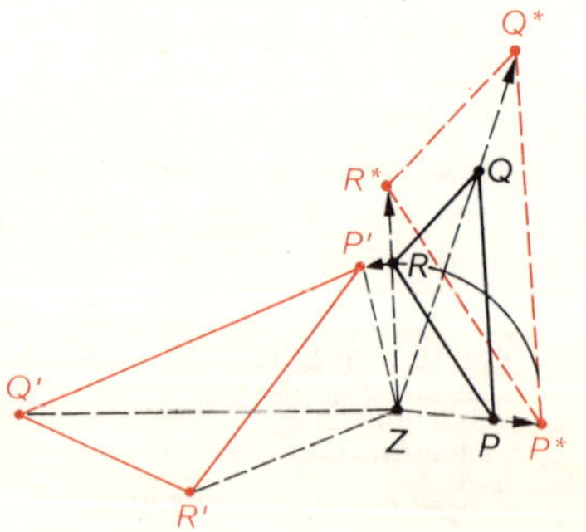

Stereometrie

A. Allgemeine Sätze

1. Wird eine Pyramide von zwei zueinander parallelen Ebenen geschnitten, so sind die Schnittfiguren ähnlich. Ihre Inhalte verhalten sich wie die Quadrate ihrer Abstände von der Spitze der Pyramide.

2. Die vier Raumschwerlinien einer dreiseitigen Pyramide schneiden sich in einem Punkt, dem Schwerpunkt der Pyramide. Dieser teilt jede Schwerlinie im Verhältnis 3:1, von der Spitze aus gerechnet (Schwerpunktssatz).

3. Zwei Körper sind inhaltsgleich, wenn sie, mit gleich großen Grundflächen auf ein und dieselbe Ebene gestellt, von jeder Parallelebene in inhaltsgleichen Flächen geschnitten werden (Satz von Cavalieri).

4. Für jedes Polyeder mit e Ecken, f Flächen und k Kanten gilt der Polyedersatz von Euler:

$$e + f = k + 2$$

B. Formeln

V Volumen
S Oberflächeninhalt
M Flächeninhalt des Mantels

Würfel:

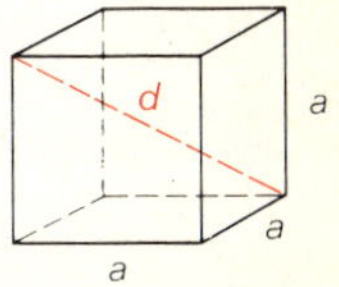

$$d = a\sqrt{3} \qquad V = a^3 \qquad S = 6\,a^2$$

Quader:

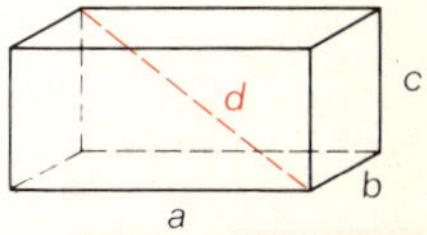

$$d = \sqrt{a^2 + b^2 + c^2}$$

$$V = a\,b\,c \qquad S = 2\,(a\,b + b\,c + c\,a)$$

Prisma:

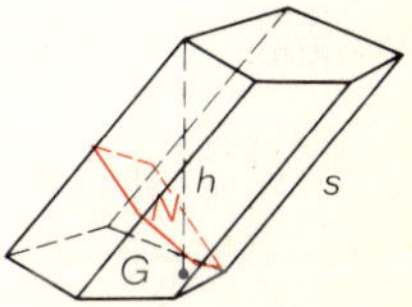

$$V = G\,h = N\,s$$

N Inhalt des Normalschnitts
s Länge der Seitenkante

Pyramide:

$$V = \frac{1}{3} G h$$

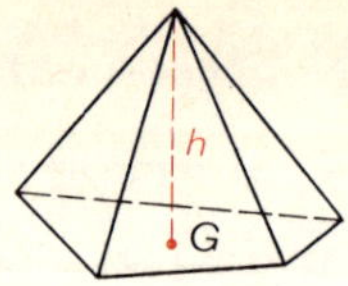

Pyramidenstumpf:

$$V = \frac{h}{3} (G + \sqrt{G g} + g)$$

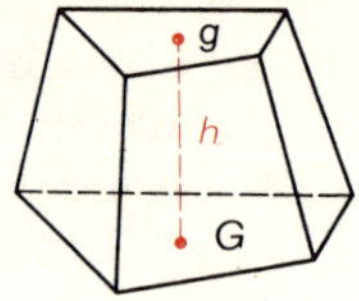

Reguläres Tetraeder:

$$V = \frac{a^3}{12} \sqrt{2} \qquad S = a^2 \sqrt{3}$$

$$h = \frac{a}{3} \sqrt{6}$$

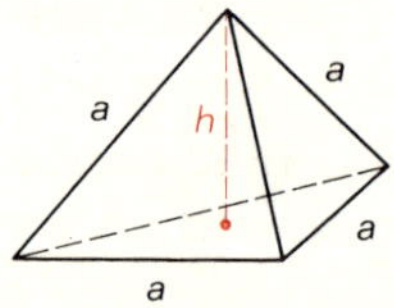

Reguläres Oktaeder:

$$V = \frac{a^3}{3} \sqrt{2} \qquad S = 2 a^2 \sqrt{3}$$

$$h = \frac{a}{2} \sqrt{2}$$

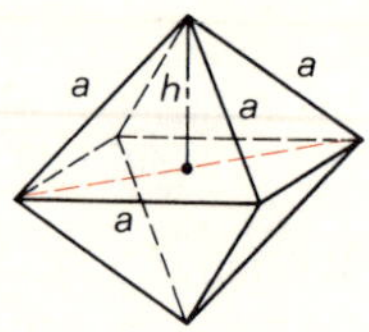

Gerader Kreiszylinder:

$$V = r^2 \pi h \qquad S = 2 r \pi (r + h)$$

$$M = 2 r \pi h$$

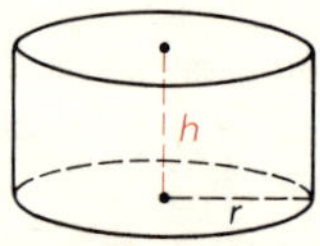

Gerader Kreiskegel:

$$V = \frac{1}{3} r^2 \pi h \qquad S = r \pi (r + s)$$

$$M = r \pi s$$

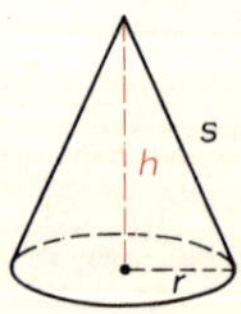

Gerader Kreiskegelstumpf:

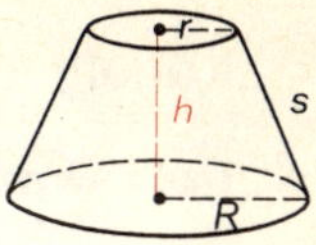

$$V = \frac{h\pi}{3}(R^2 + Rr + r^2) \qquad M = (R + r)\pi s$$

$$s^2 = (R - r)^2 + h^2$$

Kugel:

$$V = \frac{4}{3} r^3 \pi \qquad S = 4 r^2 \pi$$

Kugelsegment:

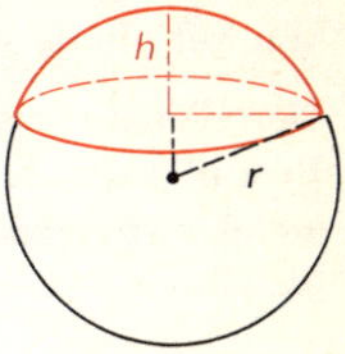

$$V = \frac{h^2 \pi}{3}(3r - h); \quad S = h\pi(4r - h)$$

Haube $M = 2 r \pi h$

Kugelsektor:

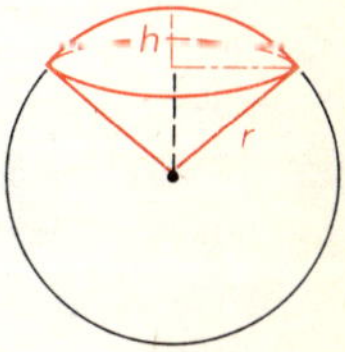

$$V = \frac{2}{3} r^2 \pi h$$

$$S = r\pi\left(2h + \sqrt{h(2r - h)}\right)$$

Kugelschicht:

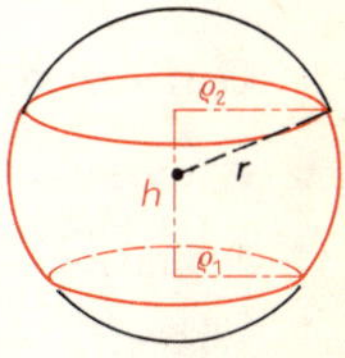

$$V = \frac{h\pi}{6}(3\varrho_1^2 + 3\varrho_2^2 + h^2)$$

$$S = \pi(\varrho_1^2 + 2rh + \varrho_2^2)$$

$$M = 2 r \pi h$$

Kugelkeil:

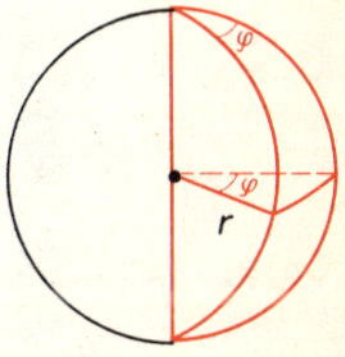

$$V = \frac{4}{3} r^3 \pi \frac{\varphi}{360°} = \frac{2}{3} r^3 x$$

$$S = r^2(\pi + 2x)$$

(x Bogenmaß des Keilwinkels φ)

Kugelgeometrie

A. Das rechtwinklige Kugeldreieck

NEPERsche Regel

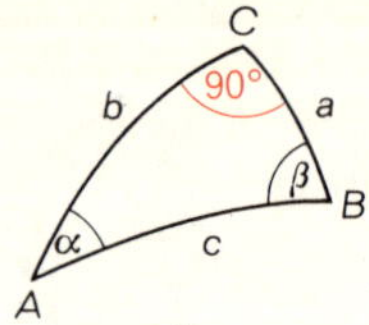

Ersetzt man die Kathete a durch $(90° - a)$, die Kathete b durch $(90° - b)$ und zählt den rechten Winkel nicht, so gilt:

Der Kosinus irgendeines Stückes ist gleich dem Produkt der Kotangenten der anliegenden und gleich dem Produkt der Sinuswerte der nichtanliegenden Stücke.

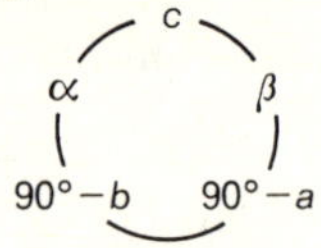

B. Das allgemeine Kugeldreieck

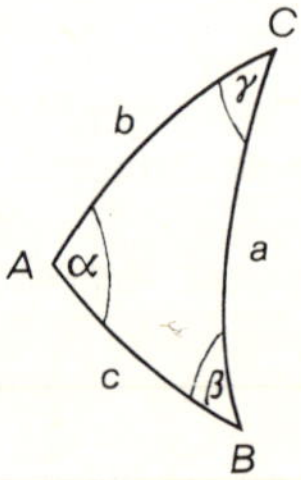

1. Sinussatz
   $\sin a : \sin b : \sin c = \sin \alpha : \sin \beta : \sin \gamma$
2. Seitenkosinussatz
   $\cos a = \cos b \cos c + \sin b \sin c \cos \alpha$
3. Winkelkosinussatz
   $\cos \alpha = -\cos \beta \cos \gamma + \sin \beta \sin \gamma \cos a$
4. Flächeninhalt

$$A = \frac{\varepsilon}{180°} r^2 \pi = r^2 x$$

$(\varepsilon = \alpha + \beta + \gamma - 180°,\quad x$ Bogenmaß von $\varepsilon)$.

Goniometrie

A. Winkelfunktionen

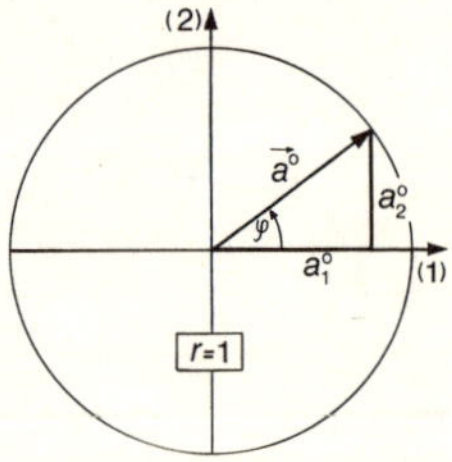

1. Definitionen
   Es sei $0° \leqq \varphi < 360°$ und

$$\vec{a}^{\,0} = (\varphi; 1) = \begin{pmatrix} a_1^0 \\ a_2^0 \end{pmatrix}$$

ein Einheitsvektor. Dann gilt:

$\sin \varphi := a_2^0 \qquad \cos \varphi := a_1^0$

$$\tan \varphi := \frac{a_2^0}{a_1^0} = \frac{\sin \varphi}{\cos \varphi}, \quad (a_1^0 \neq 0;\ \varphi \neq 90° \wedge \varphi \neq 270°)$$

$$\cot \varphi := \frac{a_1^0}{a_2^0} = \frac{\cos \varphi}{\sin \varphi}, \quad (a_2^0 \neq 0;\ \varphi \neq 0° \wedge \varphi \neq 180°)$$

2. Periodizität ($k \in \mathbb{Z}$)

$\sin(\varphi + k \cdot 360°) = \sin\varphi$ $\qquad$ $\tan(\varphi + k \cdot 180°) = \tan\varphi$

$\cos(\varphi + k \cdot 360°) = \cos\varphi$ $\qquad$ $\cot(\varphi + k \cdot 180°) = \cot\varphi$

3. Veranschaulichung am Einheitskreis

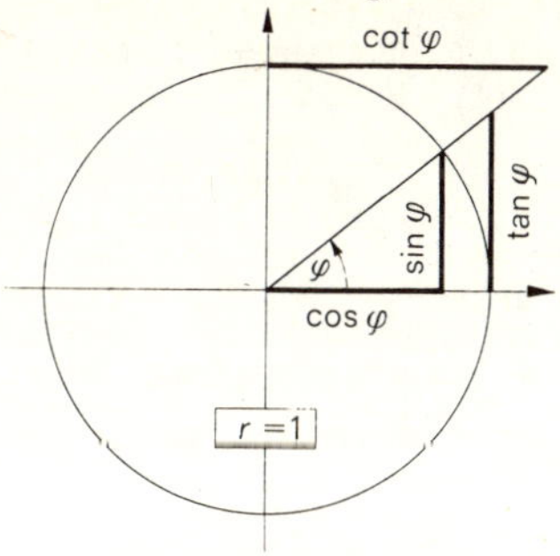

I. Quadrant

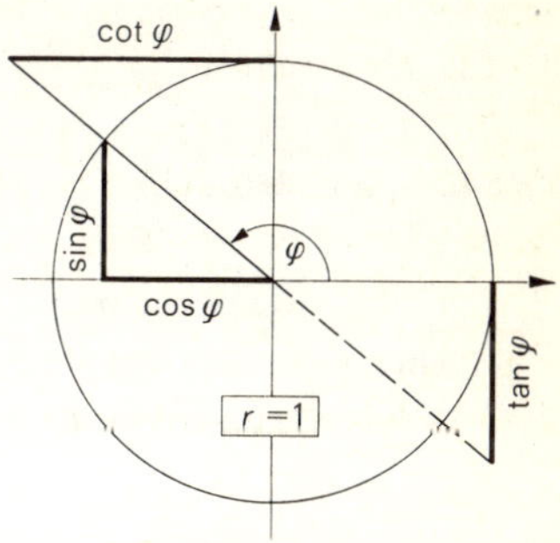

II. Quadrant

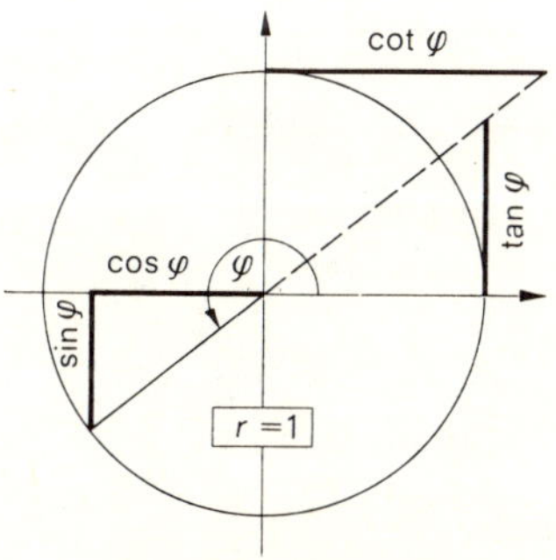

III. Quadrant

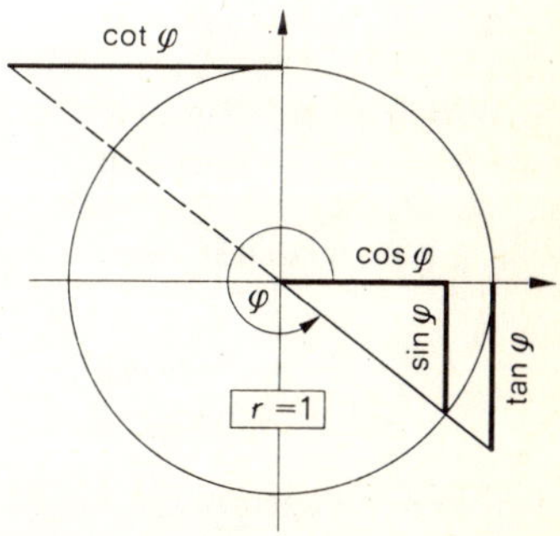

IV. Quadrant

4. Funktionswerte besonderer Winkel. Vorzeichen

φ	0°	30°	45°	60°	90°	180°	270°	I	II	III	IV
$\sin\varphi$	0	$\frac{1}{2}$	$\frac{1}{2}\sqrt{2}$	$\frac{1}{2}\sqrt{3}$	1	0	−1	+	+	−	−
$\cos\varphi$	1	$\frac{1}{2}\sqrt{3}$	$\frac{1}{2}\sqrt{2}$	$\frac{1}{2}$	0	−1	0	+	−	−	+
$\tan\varphi$	0	$\frac{1}{3}\sqrt{3}$	1	$\sqrt{3}$	nicht def.	0	nicht def.	+	−	+	−
$\cot\varphi$	nicht def.	$\sqrt{3}$	1	$\frac{1}{3}\sqrt{3}$	0	nicht def.	0	+	−	+	−

$\frac{\pi}{6}$ $\quad$ $\frac{\pi}{4}$ $\quad$ $\frac{\pi}{3}$ $\quad$ $\frac{\pi}{2}$ $\quad$ π $\quad$ $\frac{3}{2}\pi$

B. Formeln

1. Zurückführung auf spitze Winkel

$90° < \varphi < 180°$: $\sin\varphi = \sin(180° - \varphi)$ $\quad \cos\varphi = -\cos(180° - \varphi)$
$\tan\varphi = -\tan(180° - \varphi)$ $\quad \cot\varphi = -\cot(180° - \varphi)$

$180° < \varphi < 270°$: $\sin\varphi = -\sin(\varphi - 180°)$ $\quad \cos\varphi = -\cos(\varphi - 180°)$
$\tan\varphi = \tan(\varphi - 180°)$ $\quad \cot\varphi = \cot(\varphi - 180°)$

$270° < \varphi < 360°$: $\sin\varphi = -\sin(360° - \varphi)$ $\quad \cos\varphi = \cos(360° - \varphi)$
$\tan\varphi = -\tan(360° - \varphi)$ $\quad \cot\varphi = -\cot(360° - \varphi)$

2. Funktionswerte negativer Winkel

$\sin(-\varphi) = -\sin\varphi$ $\quad \cos(-\varphi) = \cos\varphi$
$\tan(-\varphi) = -\tan\varphi$ $\quad \cot(-\varphi) = -\cot\varphi$

3. Zusammenhang zwischen Funktion und Kofunktion

$\sin(90° - \varphi) = \cos\varphi$ $\quad \cos(90° - \varphi) = \sin\varphi$
$\tan(90° - \varphi) = \cot\varphi$ $\quad \cot(90° - \varphi) = \tan\varphi$

4. Beziehungen zwischen den Funktionswerten des gleichen Winkels

$\sin^2\varphi + \cos^2\varphi = 1$;* (ohne Einschränkung)

$\tan\varphi \cot\varphi = 1$ $\quad (\varphi \neq k \cdot 90°)$

$$1 + \tan^2\varphi = \frac{1}{\cos^2\varphi} \quad (\varphi \neq (2k+1)\cdot 90°)$$

$$1 + \cot^2\varphi = \frac{1}{\sin^2\varphi} \quad (\varphi \neq k \cdot 180°)$$

5. Umrechnungsformeln für $0° < \varphi < 90°$

$$\sin\varphi = \sqrt{1 - \cos^2\varphi} = \frac{\tan\varphi}{\sqrt{1 + \tan^2\varphi}} = \frac{1}{\sqrt{1 + \cot^2\varphi}}$$

$$\cos\varphi = \sqrt{1 - \sin^2\varphi} = \frac{1}{\sqrt{1 + \tan^2\varphi}} = \frac{\cot\varphi}{\sqrt{1 + \cot^2\varphi}}$$

$$\tan\varphi = \frac{\sin\varphi}{\sqrt{1 - \sin^2\varphi}} = \frac{\sqrt{1 - \cos^2\varphi}}{\cos\varphi} = \frac{1}{\cot\varphi}$$

$$\cot\varphi = \frac{\sqrt{1 - \sin^2\varphi}}{\sin\varphi} = \frac{\cos\varphi}{\sqrt{1 - \cos^2\varphi}} = \frac{1}{\tan\varphi}$$

* $\sin^2\varphi$ ist eine Abkürzung für $(\sin\varphi)^2$. Besteht beim Hintereinanderschalten von Abbildungen Verwechslungsgefahr mit $\sin(\sin\varphi)$, so empfiehlt es sich, von der abgekürzten Schreibweise keinen Gebrauch zu machen.

6. Additionstheoreme

$$\sin(\alpha+\beta) = \sin\alpha\cos\beta + \cos\alpha\sin\beta$$

$$\cos(\alpha+\beta) = \cos\alpha\cos\beta - \sin\alpha\sin\beta$$

$$\tan(\alpha+\beta) = \frac{\tan\alpha + \tan\beta}{1 - \tan\alpha\tan\beta}$$

$$\sin(\alpha-\beta) = \sin\alpha\cos\beta - \cos\alpha\sin\beta$$

$$\cos(\alpha-\beta) = \cos\alpha\cos\beta + \sin\alpha\sin\beta$$

$$\tan(\alpha-\beta) = \frac{\tan\alpha - \tan\beta}{1 + \tan\alpha\tan\beta}$$

7. Funktionen des doppelten und halben Winkels

$$\sin 2\alpha = 2\sin\alpha\cos\alpha$$

$$\cos 2\alpha = \cos^2\alpha - \sin^2\alpha = 2\cos^2\alpha - 1 = 1 - 2\sin^2\alpha$$

$$\tan 2\alpha = \frac{2\tan\alpha}{1 - \tan^2\alpha}$$

$$\sin^2\frac{\alpha}{2} = \frac{1}{2}(1 - \cos\alpha) \qquad 1 - \cos 2\alpha = 2\sin^2\alpha$$

$$\cos^2\frac{\alpha}{2} = \frac{1}{2}(1 + \cos\alpha) \qquad 1 + \cos 2\alpha = 2\cos^2\alpha$$

$$\tan^2\frac{\alpha}{2} = \frac{1 - \cos\alpha}{1 + \cos\alpha}$$

8. Verwandlung einer Summe oder Differenz in ein Produkt

$$\sin\alpha + \sin\beta = 2\sin\frac{\alpha+\beta}{2}\cos\frac{\alpha-\beta}{2}$$

$$\sin\alpha - \sin\beta = 2\cos\frac{\alpha+\beta}{2}\sin\frac{\alpha-\beta}{2}$$

$$\cos\alpha + \cos\beta = 2\cos\frac{\alpha+\beta}{2}\cos\frac{\alpha-\beta}{2}$$

$$\cos\alpha - \cos\beta = -2\sin\frac{\alpha+\beta}{2}\sin\frac{\alpha-\beta}{2}$$

9. Verwandlung eines Produkts in eine Summe oder eine Differenz

$$2\sin\alpha\sin\beta = \cos(\alpha-\beta) - \cos(\alpha+\beta)$$

$$2\cos\alpha\cos\beta = \cos(\alpha-\beta) + \cos(\alpha+\beta)$$

$$2\sin\alpha\cos\beta = \sin(\alpha-\beta) + \sin(\alpha+\beta)$$

Elementare analytische Geometrie

Zugrundegelegt ist ein rechtwinkliges, ebenes Koordinatensystem. Die Gleichungsvariablen sind $x \in \mathbb{R}$ und $y \in \mathbb{R}$.

A. Die Gerade

1. Gerade durch den Ursprung mit der Steigung m

$$y = mx \quad \text{mit} \quad m = \tan\alpha$$

α heißt *Neigungswinkel* der Geraden gegen die x-Achse.

Es gilt: $-90° < \alpha < 90°$

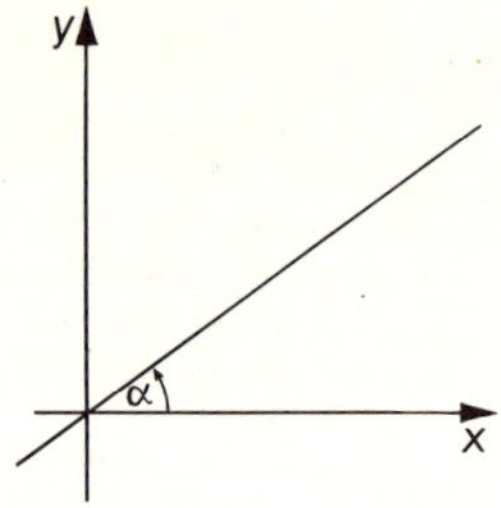

Sonderfälle:

$y = 0$ Gleichung der x-Achse

$y = x$ Gleichung der Winkelhalbierenden des I. und III. Quadranten

$y = -x$ Gleichung der Winkelhalbierenden des II. und IV. Quadranten

Bemerkung: Die y-Achse, für die keine Steigung definiert ist, hat die Gleichung $x = 0$.

2. Gerade durch $P(x_0; y_0)$ mit der Steigung m

$$y = m(x - x_0) + y_0$$

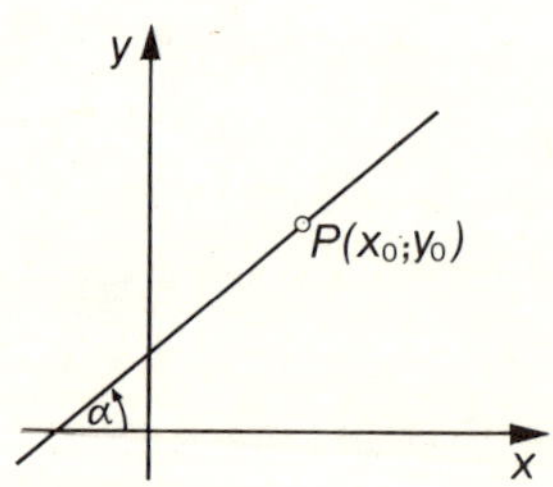

Sonderfall:

$y = y_0$ Gleichung der Parallelen zur x-Achse im Abstand $|y_0|$

Bemerkung: Eine Parallele zur y-Achse durch den Punkt $P(x_0; y_0)$ hat die Gleichung $x = x_0$, wobei $|x_0|$ der Abstand von der y-Achse ist.

3. Gerade durch die Punkte $P(x_0; y_0)$ und $A(x_1; y_1)$

$$y = y_0 + \frac{y_1 - y_0}{x_1 - x_0}(x - x_0), \quad (x_1 \neq x_0)$$

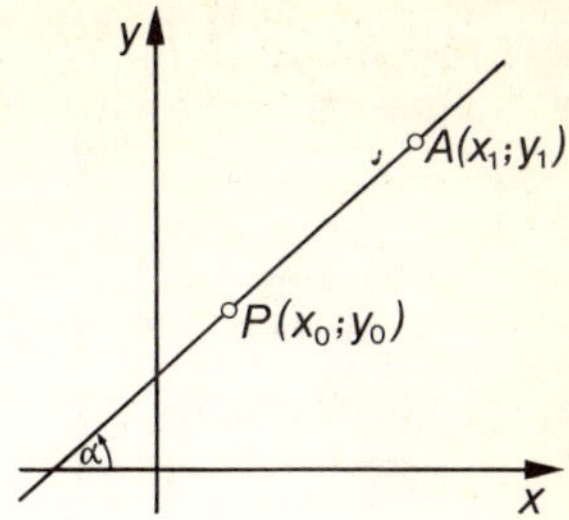

4. Parameterform

Gerade durch $P(x_0; y_0)$ mit dem Neigungswinkel α

$$\left.\begin{aligned} x &= x_0 + t\cos\alpha \\ y &= y_0 + t\sin\alpha \end{aligned}\right\rangle t \in \,]-\infty; \infty[$$

5. Allgemeine Form der Geradengleichung

$$Ax + By + C = 0$$

wobei A und B nicht gleichzeitig Null sind $(A^2 + B^2 > 0)$

B. Der Kreis

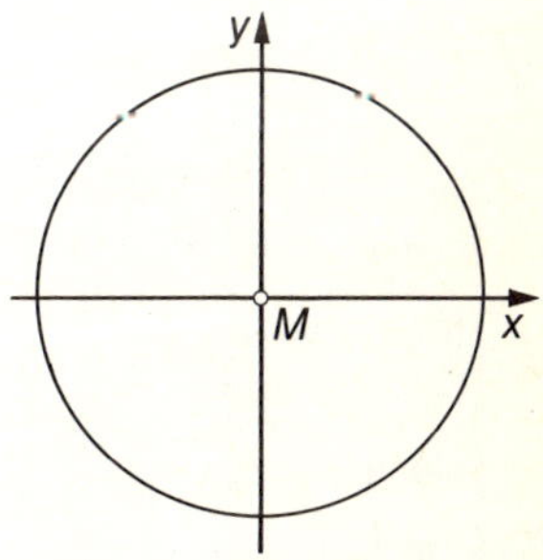

1. Mittelpunkt im Ursprung, Radius r

Gleichung des Kreises:

$$x^2 + y^2 = r^2$$

Gleichung der Tangente in $P(x_P; y_P)$:

$$x_P x + y_P y = r^2$$

2. Mittelpunkt $M(x_M; y_M)$, Radius r

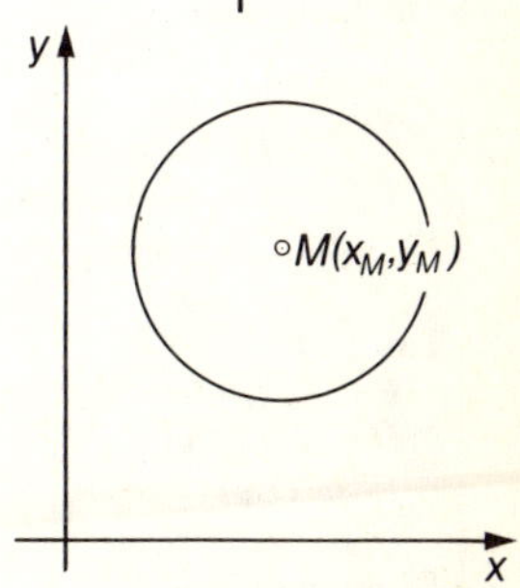

Gleichung des Kreises:

$$(x - x_M)^2 + (y - y_M)^2 = r^2$$

Gleichung der Tangente in $P(x_P; y_P)$

$$(x_P - x_M)(x - x_M) + {}$$
$$+ (y_P - y_M)(y - y_M) = r^2$$

3. Parameterform von (1)

$$\left.\begin{aligned} x &= r\cos t \\ y &= r\sin t \end{aligned}\right\rangle t \in [0; 2\pi[$$

4. Allgemeine Form der Kreisgleichung

$$x^2 + y^2 + Ax + By + C = 0 \quad (A^2 + B^2 > 4C)$$

$$\text{Mittelpunkt } M \begin{cases} x_M = -\frac{1}{2}A \\ y_M = -\frac{1}{2}B \end{cases} \qquad r = \tfrac{1}{2}\sqrt{A^2 + B^2 - 4C}$$

C. Ellipse und Hyperbel

1. Kegelschnittachsen auf den Koordinatenachsen

	Ellipse	Hyperbel
1. Fundamentaleigenschaft	$\overline{PF} + \overline{PF'} = 2a$	$\lvert\overline{PF} - \overline{PF'}\rvert = 2a$
2. Fundamentaleigenschaft	$\overline{PF}:\overline{PL} = \overline{PF'}:\overline{PL'} = \varepsilon$ mit $\varepsilon < 1$	$\overline{PF}:\overline{PL} = \overline{PF'}:\overline{PL'} = \varepsilon$ mit $\varepsilon > 1$
Lineare Exzentrizität	$e^2 = a^2 - b^2$	$e^2 = a^2 + b^2$
Numerische Exzentrizität	$\varepsilon = \frac{e}{a}$	$\varepsilon = \frac{e}{a}$
Formparameter	$p = \frac{b^2}{a}$	$p = \frac{b^2}{a}$
Leitlinienabstand vom Mittelpunkt	$d = \frac{a^2}{e}$	$d = \frac{a^2}{e}$
Scheitelkrümmungskreise	$r_a = \frac{b^2}{a}$; $r_b = \frac{a^2}{b}$	$r = \frac{b^2}{a}$
Konj. Durchmesser Richtungen m, m'	$m \cdot m' = -\frac{b^2}{a^2}$	$m \cdot m' = \frac{b^2}{a^2}$
Längen $2c$, $2d$	$c^2 + d^2 = a^2 + b^2$	$c^2 - d^2 = a^2 - b^2$
Flächeninhalt	$A = a\,b\,\pi$	
Asymptoten		$y = \pm \frac{b}{a} x$
Mittelpunktsform	$\frac{x^2}{a^2} + \frac{y^2}{b^2} = 1$	$\frac{x^2}{a^2} - \frac{y^2}{b^2} = 1$
Tangente in $P(x_P; y_P)$ bzw. Polare zum Pol $P(x_P; y_P)$	$\frac{x_P\,x}{a^2} + \frac{y_P\,y}{b^2} = 1$	$\frac{x_P\,x}{a^2} - \frac{y_P\,y}{b^2} = 1$
Parameterform	$\left.\begin{array}{l} x = a\cos t \\ y = b\sin t \end{array}\right\rangle t \in [0; 2\pi[$	$\left.\begin{array}{l} x = \frac{a}{\cos t} \\ y = b\tan t \end{array}\right\rangle t \in [0; 2\pi[\setminus \{\frac{1}{2}\pi; \frac{3}{2}\pi\}$
Scheitelgleichung	$y^2 = 2\,p\,x - \frac{p}{a} x^2$ (linker Scheitel im Ursprung)	$y^2 = 2\,p\,x + \frac{p}{a} x^2$ (rechter Scheitel im Ursprung)

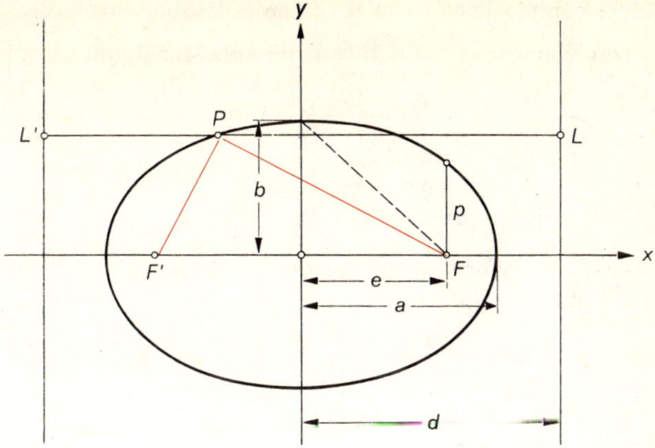

Ellipse: $\dfrac{x^2}{a^2}+\dfrac{y^2}{b^2}=1$

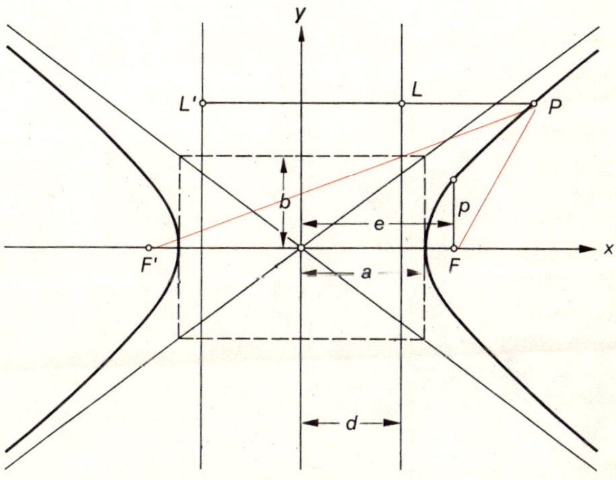

Hyperbel: $\dfrac{x^2}{a^2}-\dfrac{y^2}{b^2}=1$

2. Kegelschnittachsen parallel zu den Koordinatenachsen

Verschiebungsform mit $M(x_M; y_M)$ als Mittelpunkt

Ellipse: $$\frac{(x - x_M)^2}{a^2} + \frac{(y - y_M)^2}{b^2} = 1$$

Hyperbel: $$\frac{(x - x_M)^2}{a^2} - \frac{(y - y_M)^2}{b^2} = 1$$

Verschiebungsform der Tangente in $P(x_P; y_P)$ bzw. der Polaren zum Pol $P(x_P; y_P)$

Ellipsentangente: $$\frac{(x_P - x_M)(x - x_M)}{a^2} + \frac{(y_P - y_M)(y - y_M)}{b^2} = 1$$

Hyperbeltangente: $$\frac{(x_P - x_M)(x - x_M)}{a^2} - \frac{(y_P - y_M)(y - y_M)}{b^2} = 1$$

3. Gleichung der gleichseitigen Hyperbel, auf die Asymptoten als Koordinatenachsen bezogen:

$$x\,y = \frac{a^2}{2}$$

D. Parabel

1. Achse mit der x-Achse zusammenfallend, Öffnung nach rechts

Fundamentaleigenschaft	$\overline{PF} : \overline{PL} = \varepsilon = 1$
Formparameter	$p > 0$
Entfernung des Brennpunktes vom Scheitel	$\overline{SF} = \frac{p}{2}$
Leitlinienabstand vom Scheitel	$d = \frac{p}{2}$
Numerische Exzentrizität	$\varepsilon = 1$
Scheitelkrümmungskreis	$r = p$
Konjugierter Durchmesser zu $y = m\,x$	$y = \frac{p}{m}$
Scheitelgleichung	$y^2 = 2\,p\,x$
Tangente in / Polare zu $P(x_P; y_P)$	$y_P\,y = p\,(x_P + x)$

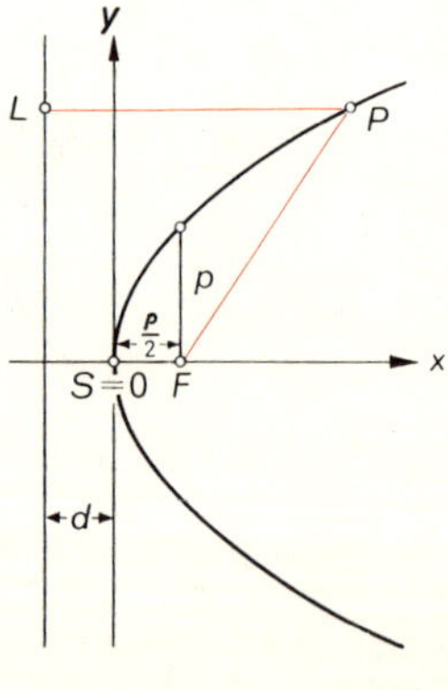

2. Achse parallel zur x-Achse, Öffnung nach rechts

$$\left.\begin{array}{l}\text{Verschiebungsform mit}\\ S\,(x_S;\,y_S)\ \text{als Scheitel}\end{array}\right\}\ (y - y_S)^2 = 2\,p\,(x - x_S)$$

Verschiebungsform der

$$\left.\begin{array}{l}\text{Tangente in}\\ \text{Polare zu}\end{array}\right\}\ P\,(x_P;\,y_P)\colon\quad (y_P - y_S)\,(y - y_S) = p\,(x_P + x - 2\,x_S)$$

E. Allgemeine Kegelschnittsgleichung

$$A\,x^2 + 2\,B\,x\,y + C\,y^2 + 2\,D\,x + 2\,E\,y + F = 0$$

$$\left.\begin{array}{l}\text{Ellipse}\\ \text{Parabel}\\ \text{Hyporbel}\end{array}\right\}\ \text{je nachdem}\ \Delta = \begin{vmatrix} A & B \\ B & C \end{vmatrix}\ \left\{\begin{array}{l} > 0 \\ = 0\ \text{ist.} \\ < 0 \end{array}\right.\quad \begin{array}{l}\text{(entartete}\\ \text{Kegelschnitte}\\ \text{eingeschlossen)}\end{array}$$

$$\text{Drehwinkel: } \tan 2\,\delta = \frac{2\,B}{C - A} \quad \text{für } C \neq A$$

$$2\,\delta = \frac{\pi}{2} \qquad \text{für } C = A$$

Funktionen

A. Relation

Es seien A und B zwei nicht leere Mengen reeller Zahlen. Dann heißt jede nicht leere Teilmenge der Produktmenge

$$A \times B = \{(a;b) \mid a \in A \wedge b \in B\}$$

(reelle) Relation von A zu B.

B. Funktion

1. Begriff der Funktion

Eine Relation $f \subset A \times B$ mit $A \subset \mathbb{R}$ und $B \subset \mathbb{R}$ heißt *(reelle) Funktion* von A in B, geschrieben

$$f\colon A \to B,$$

wenn es zu jedem $x_0 \in A$ genau ein $y_0 \in B$ gibt mit $(x_0; y_0) \in f$.

A heißt *Argumentmenge* oder *Definitionsmenge* D_f, B *Zielmenge* der Funktion f. Zum Argument x_0 gehört das Bild y_0. Es wird mit $f(x_0)$ bezeichnet.

Die Menge $\{f(x_0) \mid x_0 \in A\}$ heißt *Bildmenge* oder *Wertemenge* W_f der Funktion f. Es gilt $W_f \subset B$.

Ist $W_f = B$, so liegt eine Funktion von A auf B, eine Abbildung von D_f auf W_f (surjektive Abbildung, s. S. 89) vor.

Man schreibt $f\colon x \mapsto f(x);\ x \in D_f$. Dabei heißt $f(x)$ Funktionsterm der Funktion f. Seine Definitionsmenge $D_{f(x)}$ bezüglich $\mathbb{R}$ ist die Menge aller reellen Zahlen, die beim Einsetzen in den Term wieder eine Zahl aus $\mathbb{R}$ liefern. Es gilt $D_f \subset D_{f(x)}$.

Ist $D_f = D_{f(x)}$, so handelt es sich um die größtmögliche (maximale) Definitionsmenge, die die Funktion f unter Beibehaltung des Terms $f(x)$ überhaupt haben kann.

Durch Einsetzen von x_0 in den Term $f(x)$ erhält man das zu x_0 gehörige Bild, den Funktionswert an der Stelle x_0.

Der Schreibweise $y_0 = f(x_0)$ entsprechend, bedeutet $W_f = f(D_f)$, daß W_f die Bildmenge von D_f ist und allgemein $J_0 = f(J)$, daß der Bereich $J \subset D_f$ durch die Zuordnung $x \mapsto f(x)$ auf den Bereich $J_0 \subset W_f$ abgebildet wird.

Die Gleichung $y = f(x)$ heißt *Funktionsgleichung*. Unter Zwischenschaltung der Variablen y ergibt sich damit die Schreibweise

$$f\colon x \mapsto y = f(x);\; x \in D_f$$

Die Menge

$$G_f = \{P(x; y) \mid x \in D_f \wedge y = f(x)\}$$

aller Punkte $P(x; y)$ der EUKLIDischen Koordinatenebene wird als Graph der Funktion f bezeichnet.

2. Nullstellen

$x_0 \in \mathbb{R}$ heißt *Nullstelle* der Funktion $f\colon x \mapsto f(x);\; x \in D_f$, wenn $f(x_0) = 0 \wedge x_0 \in D_f$ ist.

3. Gleichheit

Zwei Funktionen $f\colon x \mapsto f(x);\; x \in D_f$ und $g\colon x \mapsto g(x);\; x \in D_g$ heißen gleich, wenn

$$D_f = D_g \text{ und } f(x) = g(x)$$

für alle $x \in D_f$.

4. Fortsetzung und Einschränkung

Eine Funktion $g\colon x \mapsto g(x);\; x \in D_g$ heißt *Fortsetzung* der Funktion $f\colon x \mapsto f(x);\; x \in D_f$ wenn $D_f \subset D_g$ und $g(x) = f(x)$ ist für alle $x \in D_f$.
Umgekehrt heißt f eine *Einschränkung* von g.

5. Monotonie

a) Die Funktion $f\colon x \mapsto f(x);\; x \in M \subset D_f$ heißt

monoton zunehmend in M,	monoton abnehmend in M,
wenn für alle $x_1, x_2 \in M$ gilt:	
$x_2 > x_1 \Rightarrow f(x_2) \geqq f(x_1)$	$x_2 > x_1 \Rightarrow f(x_2) \leqq f(x_1)$

b) Die Funktion $f\colon x \mapsto f(x);\; x \in M \subset D_f$ heißt

echt monoton zunehmend in M,*)	*echt* monoton abnehmend in M,*)
wenn für alle $x_1, x_2 \in M$ gilt:	
$x_2 > x_1 \Rightarrow f(x_2) > f(x_1)$	$x_2 > x_1 \Rightarrow f(x_2) < f(x_1)$

Vom Graphen G_f sagt man, daß er (echt) monoton steigt bzw. fällt.

* auch *streng* monoton zunehmend (abnehmend)

6. Beschränktheit

Die Funktion $f: x \mapsto f(x);\ x \in D_f$ heißt

nach oben beschränkt, wenn es eine Zahl $S \in \mathbb{R}$ gibt, so daß $f(x) \leqq S$	*nach unten* beschränkt, wenn es eine Zahl $s \in \mathbb{R}$ gibt, so daß $f(x) \geqq s$

für alle $x \in D_f$

S heißt obere Schranke, s untere Schranke von f. Die kleinste obere Schranke wird als *Supremum*, die größte untere Schranke als *Infimum* von f bezeichnet.

f heißt beschränkt schlechthin, wenn es eine Zahl $\sigma \in \mathbb{R}^+$ gibt, so daß für alle $x \in D_f$ gilt: $|f(x)| \leqq \sigma$

C. Operationen

1. Rationale Operationen

Es seien $f_1: x \mapsto f_1(x);\ x \in D_1$ und $f_2: x \mapsto f_2(x);\ x \in D_2$ zwei Funktionen und $D_1 \cap D_2 = D \neq \emptyset$. Dann versteht man unter

der *Summe* $f_1 + f_2$ die Funktion mit $x \mapsto f_1(x) + f_2(x);\ x \in D$

der *Differenz* $f_1 - f_2$ die Funktion mit $x \mapsto f_1(x) - f_2(x);\ x \in D$

dem *Produkt* $f_1 f_2$ die Funktion mit $x \mapsto f_1(x) f_2(x);\ x \in D$

dem *Quotienten* $\frac{f_1}{f_2}$ die Funktion mit $x \mapsto \frac{f_1(x)}{f_2(x)};\ x \in D \setminus \{x \mid f_2(x) = 0\}$

2. Verkettung (Komposition)

Es seien $f: x \mapsto f(x);\ x \in D_f$ und $g: x \mapsto g(x);\ x \in D_g$ zwei Funktionen und $W_f \subset D_g$. Dann versteht man unter der Verkettung von f mit g die Funktion

$$g \circ f: x \mapsto g(f(x));\ x \in D_f$$

D. Umkehrfunktion

1. Begriff

Die Funktion $f: x \mapsto y = f(x);\ x \in D_f$ mit der Wertemenge W_f heißt *umkehrbar*, wenn auch die Zuordnung $y \mapsto x$ eindeutig ist. Durch sie wird eine Funktion festgelegt, die als *Umkehrfunktion* f^{-1} zu f bezeichnet wird. Es gilt:

$$D_{f^{-1}} = W_f \text{ und } W_{f^{-1}} = D_f$$

Falls die Funktionsgleichung $y = f(x)$ eindeutig nach x aufgelöst und in die Form $x = f^{-1}(y)$ gebracht werden kann, lautet die Umkehrfunktion f^{-1} zu f mit y als Variable:

$$f^{-1}: y \mapsto x = f^{-1}(y); \; y \in W_f \tag{1}$$

Durch Vertauschung von y mit x ergibt sich für f^{-1} mit x als Variable die Schreibweise:

$$f^{-1}: x \mapsto y = f^{-1}(x); \; x \in W_f \tag{2}$$

Den Graphen von f^{-1} in der Schreibweise (2) erhält man durch Spiegelung des Graphen von f an der Winkelhalbierenden des I. und III. Quadranten.

2. Kriterien

   a) Eine Funktion f hat genau dann eine Umkehrfunktion f^{-1}, wenn für alle $x_1, x_2 \in D_f$ gilt:

   $$x_1 \neq x_2 \Rightarrow f(x_1) \neq f(x_2)$$

   Diese Bedingung ist bei echt monoton zunehmenden oder echt monoton abnehmenden Funktionen erfüllt.

   b) Ist f im Intervall $J \subset D_f$ differenzierbar, so gilt:

   $$\left.\begin{array}{r} \text{Ist } f'(x) > 0 \text{ für alle } x \in J \\ \text{oder } f'(x) < 0 \text{ für alle } x \in J \end{array}\right\} \text{so ist } f \text{ in } J \text{ umkehrbar}$$

3. Die Verkettung einer Funktion mit ihrer Umkehrfunktion liefert die identische Funktion auf D_f:

   $$f^{-1} \circ f: x \mapsto x; \; x \in D_f$$

E. Parameterdarstellungen

1. Es seien $\varphi(t)$ und $\psi(t)$ Terme der reellen Variablen t mit den Definitionsmengen $D_{\varphi(t)}$ und $D_{\psi(t)}$. Dann heißt

   $$R = \{(x; y) \mid x = \varphi(t) \wedge y = \psi(t) \wedge t \in J\}$$

   mit $J \subset D_{\varphi(t)} \cap D_{\psi(t)} \neq \emptyset$ eine *Parameterdarstellung* der Relation R.

2. Genügt J der Definitionsforderung in E. 1. und ist $\varphi: t \mapsto x = \varphi(t)$ für alle $t \in J$ echt monoton (s. S. 47), so ist R eine Funktion $f: x \mapsto y$, geschrieben

   $$f: t \mapsto \left\{\begin{array}{l} x = \varphi(t) \\ y = \psi(t) \end{array}\right\rangle t \in J$$

   Diese Darstellungsweise der Funktion f heißt eine Parameterform von f. Die Definitionsmenge von f ist die Wertemenge von φ.

Folgen und Reihen

A. Folgen

1. Eine Funktion f mit $D_f = \mathbb{N}$ heißt *Folge*.

   Mit ν als Variable und a_ν als Funktionsterm legt die Zuordnung $\nu \mapsto a_\nu$ eine Funktion

   $$f: \nu \mapsto a_\nu; \quad \nu \in \mathbb{N}$$

   fest. $a_1, a_2, a_3, \ldots$ heißen *Glieder*, a_ν *allgemeines Glied* der Folge; die Folge selbst bezeichnet man mit $\langle a_\nu \rangle$. Beschränkt man die Definitionsmenge auf die ersten n natürlichen Zahlen, so erhält man eine *endliche* Folge mit dem Anfangsglied a_1 und dem Endglied a_n.

2. Arithmetische Folge

   Kennzeichen: $a_{\nu+1} - a_\nu = d$ für alle $\nu \in \mathbb{N}$ und $d \in \mathbb{R}$
   Allgemeines Glied: $a_\nu = a_1 + (\nu - 1)\, d$
   d heißt *Differenz* der arithmetischen Folge.

3. Geometrische Folge

   Kennzeichen: $\dfrac{a_{\nu+1}}{a_\nu} = q$ für alle $\nu \in \mathbb{N}$, $a_\nu \neq 0$ und $q \in \mathbb{R} \setminus \{0\}$
   Allgemeines Glied: $a_\nu = a_1\, q^{\nu-1}$
   q heißt *Quotient* der geometrischen Folge

4. Monotonie

   Die Folge $\langle a_\nu \rangle$ heißt monoton zunehmend, wenn $a_{\nu+1} \geqq a_\nu$ bzw. monoton abnehmend, wenn $a_{\nu+1} \leqq a_\nu$ ist für alle $\nu \in \mathbb{N}$.
   Echt monotones Zunehmen bzw. Abnehmen liegt vor, wenn $a_{\nu+1} > a_\nu$ bzw. $a_{\nu+1} < a_\nu$ gilt für alle $\nu \in \mathbb{N}$.

5. Beschränktheit

   Die Folge $\langle a_\nu \rangle$ heißt nach oben bzw. unten beschränkt, wenn es eine Zahl S bzw. s gibt, so daß für alle $\nu \in \mathbb{N}$ gilt: $a_\nu \leqq S$ bzw. $a_\nu \geqq s$. Sie heißt beschränkt, wenn sie sowohl nach oben als auch nach unten beschränkt ist.

6. Intervallschachtelung

   Die Intervalle $J_\nu = [a_\nu; b_\nu]$ mit den Intervallgrenzen $a_\nu, b_\nu \in \mathbb{R}$ bilden eine Intervallschachtelung, wenn mit $\nu \in \mathbb{N}$ gilt:

(1) Die Folge $\langle a_\nu \rangle$ ist monoton zunehmend,

(2) die Folge $\langle b_\nu \rangle$ ist monoton abnehmend,

(3) die Differenzfolge $\langle b_\nu - a_\nu \rangle$ ist eine Nullfolge (s. S. 54)

Jede Intervallschachtelung definiert auf der Zahlengeraden genau einen Punkt, der allen Intervallen angehört (Axiom von CANTOR-DEDEKIND).

B. Reihen

1. Die Summe $a_1 + a_2 + a_3 + \ldots + a_n =: \sum_{\nu=1}^{n} a_\nu$ heißt *Reihe.*

   Die Zahl $s_n = \sum_{\nu=1}^{n} a_\nu$ wird als Summenwert bezeichnet.

2. Arithmetische Reihe

   $$s_n = \frac{n}{2}[2\,a_1 + (n-1)\,d] \quad \text{mit } a_1,\ d \in \mathbb{R},\ n \in \mathbb{N}, \text{ oder}$$

   $$s_n = \frac{n}{2}(a_1 + a_n) \qquad \text{mit } a_1, a_n \in \mathbb{R},\ n \in \mathbb{N}.$$

3. Geometrische Reihe

   $$s_n = a_1 \frac{q^n - 1}{q - 1} \quad \text{mit } a_1 \in \mathbb{R},\ q \in \mathbb{R} \setminus \{0; 1\},\ n \in \mathbb{N}$$

   Unendliche geometrische Reihe:
   Für $|q| < 1$ ist $\lim\limits_{\nu \to \infty} (a_1\, q^{\nu-1}) = 0$ und $s_\infty := \lim\limits_{\nu \to \infty} s_\nu = \dfrac{a_1}{1-q}$

4. Potenzsummen

   $$\sum_{\nu=1}^{n} \nu = \frac{n\,(n+1)}{2} \qquad \sum_{\nu=1}^{n} \nu^2 = \frac{n\,(n+1)\,(2\,n+1)}{6}$$

   $$\sum_{\nu=1}^{n} \nu^3 = \frac{n^2\,(n+1)^2}{4} \qquad \sum_{\nu=1}^{n} \nu^4 = \frac{n\,(6n^4 + 15n^3 + 10n^2 - 1)}{30}$$

C. Potenzreihen

1. TAYLOR-MACLAURINsche Formel

   $$f(x) = f(0) + \frac{f'(0)}{1!}x + \frac{f''(0)}{2!}x^2 + \ldots + \frac{f^{(n)}(0)}{n!}x^n + R_n(x)$$

   wobei $R_n(x) = \dfrac{x^{n+1}}{(n+1)!} f^{(n+1)}(\vartheta\, x)$ mit $0 < \vartheta < 1$

2. Besondere Reihen

a) $\sin x = \frac{x}{1!} - \frac{x^3}{3!} + \frac{x^5}{5!} - \ldots$ für $x \in]-\infty;\infty[$

b) $\cos x = 1 - \frac{x^2}{2!} + \frac{x^4}{4!} - \ldots$ für $x \in]-\infty;\infty[$

c) $e^x = 1 + \frac{x}{1!} + \frac{x^2}{2!} + \frac{x^3}{3!} + \ldots$ für $x \in]-\infty;\infty[$

d) $\ln(1+x) = x - \frac{x^2}{2} + \frac{x^3}{3} - \ldots$ für $x \in]-1;1]$

e) $\arcsin x = x + \frac{1}{2} \cdot \frac{x^3}{3} + \frac{1 \cdot 3}{2 \cdot 4} \cdot \frac{x^5}{5} + \frac{1 \cdot 3 \cdot 5}{2 \cdot 4 \cdot 6} \cdot \frac{x^7}{7} + \ldots$ für $x \in [-1;1]$

f) $\arctan x = x - \frac{x^3}{3} + \frac{x^5}{5} - \frac{x^7}{7} + \ldots$ für $x \in [-1;1]$

g) $(1+x)^m = 1 + \binom{m}{1} x + \binom{m}{2} x^2 + \ldots$, $(m \in \mathbb{N})$, für $x \in]-1;1[$

D. Zinseszins und Renten

k DM Anfangskapital, p% Zinsfuß,
$q = 1 + p/_{100}$ Zinsfaktor
k_n DM Kapital nach n Jahren,
K_n DM Kapital nach n Jahren bei jährlicher Vermehrung (+) bzw. Verminderung (—) um r DM.

1. Zinsverrechnung nach jeweils 1 Jahr

$$k_n = k q^n$$

2. Zinsverrechnung nach jeweils $\frac{1}{m}$ Jahr

$$k_n = k \left(1 + \frac{p}{m \cdot 100}\right)^{m\,n}$$

3. Stetige Verzinsung

$$k_n = k\, e^{(q-1)n}$$

4. Nachschüssige Einzahlung (Auszahlung)

$$K_n = k\, q^n \overset{+}{\underset{(-)}{}}\, r \frac{q^n - 1}{q - 1}$$

5. Vorschüssige Einzahlung (Auszahlung)

$$K_n = k\, q^n \overset{+}{\underset{(-)}{}}\, r\, q \frac{q^n - 1}{q - 1}$$

Grenzwert und Stetigkeit

A. Umgebung

1. Die Menge $U_\varepsilon(a) = \{r \in \mathbb{R} \,|\, |r - a| < \varepsilon\}$ mit $\varepsilon > 0$ und $a \in \mathbb{R}$ heißt *ε-Umgebung* von a.
2. Die Menge $U_\varepsilon^*(a) = U_\varepsilon(a) \setminus \{a\}$ mit $\varepsilon > 0$ und $a \in \mathbb{R}$ heißt *punktierte* ε-Umgebung von a.
3. Intervallschreibweisen:

   $U_\varepsilon(a) =]a - \varepsilon; a + \varepsilon[$

   $U_\varepsilon^*(a) =]a - \varepsilon; a[\cup]a; a + \varepsilon[$

B. Grenzwert

1. Grenzwert für $x \to \infty$

   Die Funktion $f: x \mapsto f(x);\ x \in D_f$ mit rechtsseitig unbeschränkter Definitionsmenge heißt konvergent gegen den Grenzwert a für $x \to \infty$, geschrieben

   $$\lim_{x \to \infty} f(x) = a$$

   wenn es zu jedem $\varepsilon > 0$ eine Zahl $r \in \mathbb{R}$ gibt, so daß

$f(x) \in U_\varepsilon(a)$	$\lvert f(x) - a \rvert < \varepsilon$
für alle $x \in D_f \wedge x > r$	für alle $x \in D_f \wedge x > r$
(1. Fassung)	**(2. Fassung)**

   Satz:

   Ist $f: x \mapsto f(x);\ x \in D_f$ eine Funktion mit $\lim\limits_{x \to \infty} f(x) = a$ und

   $f_1: x \mapsto f_1(x);\ x \in D_{f_1}$ eine Einschränkung von f

   mit ebenfalls rechtsseitig unbeschränkter Definitionsmenge $D_{f_1} \subset D_f$, so gilt auch $\lim\limits_{x \to \infty} f_1(x) = a$

2. Grenzwert für $\nu \to \infty$

   Die Folge $\langle a_\nu \rangle;\ \nu \in \mathbb{N}$ heißt konvergent gegen den Grenzwert a für $\nu \to \infty$, geschrieben

   $$\lim_{\nu \to \infty} a_\nu = a$$

wenn es zu jedem $\varepsilon > 0$ eine Zahl $N \in \mathbb{N}$ gibt, so daß

$a_\nu \in U_\varepsilon(a)$	$\lvert a_\nu - a \rvert < \varepsilon$
für alle $\nu > N$	für alle $\nu > N$
(1. Fassung)	(2. Fassung)

Ist $a = 0$, so heißt die Folge $\langle a_\nu \rangle$ eine *Nullfolge.*

3. Grenzwert für $x \to -\infty$

Die Funktion $f\colon x \mapsto f(x)$; $x \in D_f$ mit linksseitig unbeschränkter Definitionsmenge heißt konvergent gegen den Grenzwert a für $x \to -\infty$, geschrieben

$$\lim_{x \to -\infty} f(x) = a$$

wenn es zu jedem $\varepsilon > 0$ eine Zahl $r \in \mathbb{R}$ gibt, so daß

$f(x) \in U_\varepsilon(a)$	$\lvert f(x) - a \rvert < \varepsilon$
für alle $x \in D_f \wedge x < r$	für alle $x \in D_f \wedge x < r$
(1. Fassung)	(2. Fassung)

4. Grenzwert für $x \to x_0$

Es sei $f\colon x \mapsto f(x)$; $x \in D_f$ und $x_0 \in \mathbb{R}$. D_f habe mit jeder punktierten Umgebung $U_\delta^*(x_0)$ einen nicht leeren Durschschnitt. Dann sagt man, f konvergiere für $x \to x_0$ gegen den Grenzwert a, geschrieben

$$\lim_{x \to x_0} f(x) = a$$

wenn sich zu jedem $\varepsilon > 0$ ein $\delta > 0$ so bestimmen läßt, daß

$f(x) \in U_\varepsilon(a)$	aus $x \in D_f \wedge \lvert x - x_0 \rvert < \delta$ folgt:
für alle $x \in D_f \cap U_\delta^*(x_0)$	$\lvert f(x) - a \rvert < \varepsilon$
(1. Fassung)	(2. Fassung)

Bei Annäherung an die Stelle x_0 von rechts bzw. links ist zu unterscheiden zwischen $0 < x - x_0 < \delta$ bzw. $0 < x_0 - x < \delta$. Im ersten Fall spricht man von einem *rechtsseitigen*, im zweiten Fall von einem *linksseitigen* Grenzwert und schreibt

$$\lim_{x \overset{>}{\to} x_0} f(x) \quad \text{bzw.} \quad \lim_{x \overset{<}{\to} x_0} f(x)$$

Beide Grenzwerte können existieren. Haben sie verschiedene Werte oder existiert auch nur einer von beiden nicht, so existiert $\lim\limits_{x \to x_0} f(x)$ *nicht.*

5. Divergenz

Funktionen bzw. Folgen, bei denen kein Grenzwert existiert im Sinne von 1.–4. heißen divergent für $x \to \pm\infty$, $x \to x_0$ bzw. $\nu \to \infty$.

C. Grenzwertsätze

1. Sind $f_1: x \mapsto f_1(x);\ x \in D_1$ und $f_2: x \mapsto f_2(x);\ x \in D_2$ zwei Funktionen mit

$$\lim_{x \to \infty} f_1(x) = a_1 \quad \text{und} \quad \lim_{x \to \infty} f_2(x) = a_2$$

und ist $D = D_1 \cap D_2$ rechtsseitig unbeschränkt, so gilt:

$$\lim_{x \to \infty} (f_1 + f_2)(x) = a_1 + a_2 \qquad \lim_{x \to \infty} (f_1 - f_2)(x) = a_1 - a_2$$

$$\lim_{x \to \infty} (f_1 f_2)(x) = a_1 a_2 \qquad \lim_{x \to \infty} \frac{f_1}{f_2}(x) = \frac{a_1}{a_2}, \text{ falls } a_2 \neq 0$$

2. Sind $f_1: x \mapsto f_1(x);\ x \in D_1$ und $f_2: x \mapsto f_2(x);\ x \in D_2$ zwei Funktionen mit

$$\lim_{x \to x_0} f_1(x) = a_1 \quad \text{und} \quad \lim_{x \to x_0} f_2(x) = a_2$$

und hat $D = D_1 \cap D_2$ für jedes $\delta > 0$ mit $U_\delta^*(x_0)$ einen nicht leeren Durchschnitt, so gilt:

$$\lim_{x \to x_0} (f_1 + f_2)(x) = a_1 + a_2 \qquad \lim_{x \to x_0} (f_1 - f_2)(x) = a_1 - a_2$$

$$\lim_{x \to x_0} (f_1 f_2)(x) = a_1 a_2 \qquad \lim_{x \to x_0} \frac{f_1}{f_2}(x) = \frac{a_1}{a_2}, \text{ falls } a_2 \neq 0$$

D. Wichtige Grenzwerte

$$\lim_{\nu \to \infty} \frac{a}{\nu} = 0 \text{ für } a \in \mathbb{R} \qquad \lim_{\nu \to \infty} a^\nu = 0 \text{ für } |a| < 1$$

$$\lim_{\nu \to \infty} \sqrt[\nu]{a} = 1 \text{ für } a \in \mathbb{R}^+ \qquad \lim_{\nu \to \infty} \sqrt[\nu]{\nu} = 1$$

$$\lim_{\nu \to \infty} \left(1 + \frac{1}{\nu}\right)^\nu = \mathrm{e} = 2{,}71828\ldots \qquad \lim_{\nu \to \infty} \frac{a^\nu}{\nu!} = 0 \text{ für } a \in \mathbb{R}$$

$$\lim_{\nu \to \infty} \left(1 - \frac{1}{\nu}\right)^\nu = \frac{1}{\mathrm{e}} \qquad \lim_{\nu \to \infty} \left(1 + \frac{k}{\nu}\right)^\nu = \mathrm{e}^k \text{ für } k \in \mathbb{R}$$

$$\lim_{x \to \infty} \frac{a x + b}{c x + d} = \frac{a}{c} \qquad \lim_{x \to 0} \frac{\sin x}{x} = 1 \qquad \lim_{x \to 0} \frac{\sin a x}{x} = a$$

$a, b, c, d, \in \mathbb{R} \wedge c \neq 0$

$$\lim_{x \to \infty} \frac{x^n}{\mathrm{e}^x} = 0 \qquad \lim_{x \to \infty} \frac{\log x}{x^n} = 0 \qquad \lim_{x \to 0} \frac{a^x - 1}{x} = \ln a$$

$a \in \mathbb{R}^+$

E. Stetigkeit

1. Lokale Stetigkeit

   Die Funktion $f: x \mapsto f(x);\ x \in D_f$ ist *an der Stelle* $x_0 \in D_f$ genau dann stetig, wenn $\lim\limits_{x \to x_0} f(x) = f(x_0)$ ist.

2. Globale Stetigkeit

   Die Funktion $f: x \mapsto f(x);\ x \in D_f$ heißt *im Intervall* $]a; b[\subset D_f$ stetig, wenn sie an jeder Stelle $x \in]a; b[$ stetig ist.
   An den Rändern eines abgeschlossenen Intervalls kann, entsprechend B.4., einseitige Stetigkeit vorliegen.

3. Unstetigkeit

   Ist die Stetigkeitsbedingung von 1. nicht erfüllt, so heißt f an der Stelle x_0 unstetig.

4. Stetige Fortsetzung

   Ist die Fortsetzung $g: x \mapsto g(x);\ x \in D_g$ einer stetigen Funktion $f: x \mapsto f(x);\ x \in D_f$ mit $D_f \subset D_g$ stetig in D_g, so heißt g eine stetige Fortsetzung von f.

F. Stetigkeitssätze

1. Verknüpfungssatz

   Sind $f_1: x \mapsto f_1(x);\ x \in D_1$ und $f_2: x \mapsto f_2(x);\ x \in D_2$ in einem gemeinsamen Intervall J stetig, so sind $f_1 \pm f_2$, $f_1 f_2$ und, falls $f_2(x) \neq 0$ für alle $x \in J$, auch $f_1 : f_2$ in J stetig.

2. Zwischenwertsatz

   Es sei $f: x \mapsto f(x);\ x \in D_f$ in $J = [x_1; x_2]$ stetig. Dann gibt es zu jedem Wert a zwischen $f(x_1)$ und $f(x_2)$ mindestens einen Wert $\xi \in J$, so daß $f(\xi) = a$ ist.

3. Nullstellensatz

   Ist $f: x \mapsto f(x);\ x \in D_f$ in $J = [x_1;\ x_2]$ stetig und haben die Funktionswerte $f(x_1)$ und $f(x_2)$ an den Rändern des Intervalls verschiedene Vorzeichen, so gibt es mindestens einen Wert $\xi \in J$ mit $f(\xi) = 0$.

4. Extremwertsatz

   Eine in einem abgeschlossenen Intervall $J = [a; b]$ stetige Funktion f ist in J beschränkt und hat hier ein absolutes Maximum oder Minimum.

Differentialrechnung

A. Lokale Differenzierbarkeit

1. Differenzenquotient

Unter dem Differenzenquotienten der Funktion $f\colon x \mapsto f(x);\ x \in D_f$ bezüglich $x_0 \in D_f$ versteht man den Term

$$\frac{f(x) - f(x_0)}{x - x_0} =: f_{(x_0)}(x)$$

wobei $x \in U_\delta^*(x_0)$ und $D_f \cap U_\delta^*(x_0) \neq \emptyset$ vorausgesetzt wird.

Die dazugehörige Funktion

$$f_{(x_0)}\colon x \mapsto \frac{f(x) - f(x_0)}{x - x_0};\ x \in D_f \setminus \{x_0\}$$

heißt *Differenzenquotientenfunktion* von f bezüglich x_0.

2. Definition der Ableitung

Hat der Differenzenquotient von f bezüglich x_0 für $x \to x_0$ einen Grenzwert, so heißt f an der Stelle x_0 differenzierbar und

$$\lim_{x \to x_0} \frac{f(x) - f(x_0)}{x - x_0} =: f'(x_0)$$

die Ableitung oder der Differentialquotient der Funktion f an der Stelle x_0.

3. Satz: Eine an der Stelle x_0 differenzierbare Funktion ist dort stetig.

B. Globale Differenzierbarkeit

1. Eine Funktion, die an jeder Stelle eines offenen Intervalls $J \subset D_f$ differenzierbar ist, heißt *in diesem Intervall* differenzierbar.

2. Die Menge aller x-Werte von D_f, für die f differenzierbar ist, heißt *Differenzierbarkeitsmenge* $D_{f'}$ von f. Es gilt: $D_{f'} \subset D_f$.

3. Die zu einer Funktion $f\colon x \mapsto f(x);\ x \in D_f$ in $D_{f'}$ definierte Funktion $f'\colon x \mapsto f'(x);\ x \in D_{f'}$ heißt *Ableitungsfunktion* (kurz auch Ableitung) der Funktion f.

Schreibweisen: $f'(x) = \dfrac{\mathrm{d}f(x)}{\mathrm{d}x} = \dfrac{\mathrm{d}}{\mathrm{d}x} f(x) = \dfrac{\mathrm{d}y}{\mathrm{d}x} = y'$

Hieraus ist ersichtlich, „nach welcher Variablen" differenziert wurde. Der Term $f'(x)\,\mathrm{d}x = \mathrm{d}y$ wird gelegentlich als *Differential* bezeichnet.

4. Ist die Variable die Zeit t, so wird die Differentiation „nach t" meist durch einen Punkt zum Ausdruck gebracht:

$$\dot{s}(t) = \frac{\mathrm{d}s}{\mathrm{d}t}$$

5. Ist f in $]a; b[$ differenzierbar und f' dort stetig, so heißt f *stetig differenzierbar* in $]a; b[$.

6. Höhere Ableitungen

   Eine Funktion f, deren n-te Ableitung $f^{(n)}$ in einer gewissen Menge existiert, heißt dort n-mal differenzierbar.

   Zweite Ableitung:

$$f'': x \mapsto f''(x);\ x \in D_{f''}; \quad \text{auch: } f''(x) = \frac{\mathrm{d}}{\mathrm{d}x}[f'(x)] = \frac{\mathrm{d}^2y}{\mathrm{d}x^2}$$

   Dritte Ableitung:

$$f''': x \mapsto f'''(x);\ x \in D_{f'''}; \qquad f'''(x) = \frac{\mathrm{d}}{\mathrm{d}x}[f''(x)]$$

C. Geometrische Deutung der Ableitung

1. Steigung

   Unter der Steigung m der Geraden durch die beiden Punkte $P(x_0; y_0)$ und $A(x_1; y_1)$ versteht man den Wert des Quotienten

$$m = \frac{y_1 - y_0}{x_1 - x_0}$$

   wobei $x_1 \neq x_0$ vorausgesetzt wird. Der durch die Gleichung

$$\tan \alpha = m$$

   mit $-90° < \alpha < 90°$ festgelegte Winkel α heißt *Neigungswinkel* der Geraden PA gegen die x-Achse.

2. Tangente

   Unter der Tangente im Punkt $P(x_0; f(x_0))$ des Graphen einer an der Stelle x_0 differenzierbaren Funktion f versteht man die Gerade durch P mit der Steigung

$$m = f'(x_0)$$

   Gleichung der Tangente: $y = f'(x_0)(x - x_0) + f(x_0)$

3. Normale

Unter der Normalen im Punkt $P(x_0; f(x_0))$ des Graphen einer an der Stelle x_0 differenzierbaren Funktion f versteht man die Gerade durch P, die auf der Tangente senkrecht steht.

Steigung der Normalen: $m_N = -\frac{1}{m_T} = -\frac{1}{f'(x_0)}$ mit $f'(x_0) \neq 0$.

Gleichung der Normalen: $y = -\frac{1}{f'(x_0)}(x - x_0) + f(x_0)$

D. Sätze und Regeln

1. Satz von Rolle

Eine im Intervall $[a; b]$ stetige, im Innern $]a; b[$ dieses Intervalls differenzierbare Funktion f mit der Eigenschaft $f(a) = f(b) = 0$ hat im Innern des Intervalls mindestens eine Stelle ξ, für die $f'(\xi) = 0$ ist.

2. Mittelwertsatz der Differentialrechnung

Eine im Intervall $[a; b]$ stetige, in dessen Innerem $]a; b[$ differenzierbare Funktion f hat im Innern des Intervalls mindestens eine Stelle ξ, für die gilt:

$$f'(\xi) = \frac{f(b) - f(a)}{b - a}, \text{ also } f(b) = f(a) + (b - a) f'(\xi)$$

Andere Schreibweise:

$$f(a + h) = f(a) + h f'(a + \vartheta h) \text{ mit } 0 < \vartheta < 1.$$

3. l'Hospitalsche Regeln

Regel I

Sind zwei an der Stelle a stetige Funktionen u und v mit $u(a) = v(a) = 0$ in einer gemeinsamen (evtl. punktierten) Umgebung von a differenzierbar und existiert $\lim\limits_{x \to a} \frac{u'(x)}{v'(x)}$, so gilt:

$$\lim_{x \to a} \frac{u(x)}{v(x)} = \lim_{x \to a} \frac{u'(x)}{v'(x)}$$

Regel II

Sind zwei Funktionen u und v mit $\lim_{x \to \infty} u(x) = \lim_{x \to \infty} v(x) = 0$ in einem gemeinsamen rechtsseitig unbeschränkten Intervall $]k;\infty[$ differenzierbar und existiert $\lim_{x \to \infty} \frac{u'(x)}{v'(x)}$, so gilt:

$$\lim_{x \to \infty} \frac{u(x)}{v(x)} = \lim_{x \to \infty} \frac{u'(x)}{v'(x)}$$

Entsprechendes gilt für $\lim_{x \to -\infty} \frac{u(x)}{v(x)}$

Regel III

Sind zwei Funktionen u und v mit $|u(x)| \to \infty$ für $x \to a$ und $|v(x)| \to \infty$ für $x \to a$ in einer gemeinsamen punktierten Umgebung von $x = a$ differenzierbar und existiert $\lim_{x \to a} \frac{u'(x)}{v'(x)}$, so gilt:

$$\lim_{x \to a} \frac{u(x)}{v(x)} = \lim_{x \to a} \frac{u'(x)}{v'(x)}$$

Regel IV

Sind zwei Funktionen u und v mit $|u(x)| \to \infty$ für $x \to \infty$ und $|v(x)| \to \infty$ für $x \to \infty$ in einem gemeinsamen rechtsseitig unbeschränkten Intervall $]k;\infty[$ differenzierbar, und existiert $\lim_{x \to \infty} \frac{u'(x)}{v'(x)}$, so gilt:

$$\lim_{x \to \infty} \frac{u(x)}{v(x)} = \lim_{x \to \infty} \frac{u'(x)}{v'(x)}$$

Entsprechendes gilt für $\lim_{x \to -\infty} \frac{u(x)}{v(x)}$

E. Allgemeine Differentiationsformeln

1. a) $f(x) = C \Rightarrow f'(x) = 0$
   b) $f(x) = u(x) + C \Rightarrow f'(x) = u'(x)$
   c) $f(x) = u(x) + v(x) \Rightarrow f'(x) = u'(x) + v'(x)$
   d) $f(x) = C \cdot u(x) \Rightarrow f'(x) = C \cdot u'(x)$

2. Produktregel

Sind u und v in einem gemeinsamen Bereich D' differenzierbar, so ist auch $f = u\,v$ dort differenzierbar und es gilt:

$$f(x) = u(x)\,v(x) \Rightarrow f'(x) = u'(x) \cdot v(x) + u(x) \cdot v'(x)$$

3. Quotientenregel

Sind u und v in einem gemeinsamen Bereich D' differenzierbar und ist $f = \frac{u}{v}$ in D definiert, so ist f in $D \cap D'$ differenzierbar und es gilt:

$$f(x) = \frac{u(x)}{v(x)} \Rightarrow f'(x) = \frac{u'(x) \cdot v(x) - u(x) \cdot v'(x)}{[v(x)]^2}$$

4. Kettenregel

Ist $f: x \mapsto f(x);\ x \in D_f$ an der Stelle $x_0 \in D_f$ differenzierbar, und $g: u \mapsto g(u);\ u \in D_g$ an der Stelle $u_0 = f(x_0) \in D_g$ differenzierbar, so ist auch die Verkettung $g \circ f$ an der Stelle x_0 differenzierbar und es gilt:

$$(g \circ f)'(x_0) = g'(f(x_0)) \cdot f'(x_0)$$

Leibnizsche Form: $$\frac{\mathrm{d}y}{\mathrm{d}x} = \frac{\mathrm{d}y}{\mathrm{d}u} \cdot \frac{\mathrm{d}u}{\mathrm{d}x}$$

5. Ableitung der Umkehrfunktion

Ist $f: x \mapsto f(x)$ eine in einem Intervall D_f definierte, umkehrbare, differenzierbare Funktion mit $f'(x) \neq 0$, so gilt für die Umkehrfunktion $f^{-1}: y \mapsto f^{-1}(y);\ y \in D_{f^{-1}}$:

$$(f^{-1})'(y) = \frac{1}{f'(x)} \quad \text{mit} \quad x = f^{-1}(y)$$

6. Funktionen in Parameterdarstellung

Ist $\varphi: t \mapsto x = \varphi(t)$ und $\psi: t \mapsto y = \psi(t)$ an jeder Stelle $t \in J$ stetig differenzierbar und ist im Innern von J überall $\dot{x} \neq 0$, so ist die Funktion

$$f: t \mapsto \left\{ \begin{array}{l} x = \varphi(t) \\ y = \psi(t) \end{array} \right\rangle\ t \in J$$

im Innern von D_f differenzierbar. Bezeichnet man die Ableitungen von f nach x mit f' bzw. f'', so gilt:

$$f': \quad t \mapsto \frac{\dot{y}}{\dot{x}} = \frac{\dot{\psi}(t)}{\dot{\varphi}(t)}$$

$$f'': \quad t \mapsto \frac{\dot{x}\,\ddot{y} - \dot{y}\,\ddot{x}}{\dot{x}^3} = \frac{\dot{\varphi}(t)\,\ddot{\psi}(t) - \dot{\psi}(t)\,\ddot{\varphi}(t)}{[\dot{\varphi}(t)]^3}$$

F. Ableitung der Grundfunktionen $f\colon x \mapsto f(x);\ D_f = D_{f(x)}$

$f(x)$	$D_{f(x)}$	W_f	$f'(x)$
$x^n, (n \in \mathbb{R})$	abhängig von n	abhängig von n	$n\,x^{n-1}$
$\sin x$	$\mathbb{R}$	$[-1;1]$	$\cos x$
$\cos x$	$\mathbb{R}$	$[-1;1]$	$-\sin x$
$\tan x$	$\left\{x \mid x \neq (2k+1)\frac{\pi}{2}\right\}$	$\mathbb{R}$	$\frac{1}{\cos^2 x}$
$\cot x$	$\{x \mid x \neq k\pi\}$	$\mathbb{R}$	$-\frac{1}{\sin^2 x}$
$\arcsin x$	$[-1;1]$	$\left[-\frac{\pi}{2};\frac{\pi}{2}\right]$	$\frac{1}{\sqrt{1-x^2}}$
$\arccos x$	$[-1;1]$	$[0;\pi]$	$-\frac{1}{\sqrt{1-x^2}}$
$\arctan x$	$\mathbb{R}$	$\left]-\frac{\pi}{2};\frac{\pi}{2}\right[$	$\frac{1}{1+x^2}$
$\operatorname{arccot} x$	$\mathbb{R}$	$]0;\pi[$	$-\frac{1}{1+x^2}$
$a^x, (a > 0)$	$\mathbb{R}$	$]0;\infty[$	$a^x \ln a$
e^x	$\mathbb{R}$	$]0;\infty[$	e^x
$\log_b x, \begin{cases} b > 0 \\ b \neq 1 \end{cases}$	$]0;\infty[$	$\mathbb{R}$	$\frac{1}{x \ln b}$
$\ln x$	$]0;\infty[$	$\mathbb{R}$	$\frac{1}{x}$

G. Kurvendiskussion

1. Symmetrie zur y-Achse

   Der Graph G_f von $f\colon x \mapsto f(x);\ x \in D_f$ ist genau dann symmetrisch zur y-Achse, wenn für alle $x \in D_f$ gilt $f(-x) = f(x)$

   f heißt *gerade* Funktion.

2. Punktsymmetrie zum Ursprung

   Der Graph G_f ist genau dann punktsymmetrisch zum Ursprung, wenn für alle $x \in D_f$ gilt $f(-x) = -f(x)$

   f heißt *ungerade* Funktion.

3. Steigen und Fallen, waagrechte Tangente

a) Ist $J \subset D_f$ ein Intervall, so gilt:

$$\left.\begin{array}{l} f'(x) > 0 \\ f'(x) < 0 \end{array}\right\} \text{ für alle } x \in J \Rightarrow G_f \left\{\begin{array}{l} \text{steigt} \\ \text{fällt} \end{array}\right\} \text{ in } J \text{ echt monoton}$$

b) $f'(x_0) = 0 \Leftrightarrow G_f$ hat an der Stelle x_0 eine waagrechte Tangente.

4. Extremstelle, Extremwert, Extrempunkt

a) Definition

$f(x_0)$ heißt *relatives Maximum* der Funktion $f: x \mapsto f(x)$, wenn es eine Umgebung von x_0 gibt so, daß die Funktionswerte in dieser Umgebung nicht größer als $f(x_0)$ sind: $f(x) \leqq f(x_0)$.
x_0 heißt *relative (lokale) Maximalstelle* von f;
$(x_0; f(x_0))$ ist *relativer (lokaler) Hochpunkt* von G_f.

$f(x_0)$ heißt *relatives Minimum* von f, wenn es eine Umgebung von x_0 gibt so, daß die Funktionswerte in dieser Umgebung nicht kleiner als $f(x_0)$ sind: $f(x) \geqq f(x_0)$.
x_0 heißt *relative (lokale) Minimalstelle* von f;
$(x_0; f(x_0))$ ist *relativer (lokaler) Tiefpunkt* von G_f.

Maxima und Minima faßt man als *Extrema* zusammen. Ein Extremum heißt *eigentlich*, wenn für $x \neq x_0$ jeweils das Gleichheitszeichen nicht gilt; es heißt *absolut (global)*, wenn die Ungleichung in ganz D_f gilt.

b) G_f hat bei einer inneren Stelle $x_0 \in D_{f'}$ einen Extrempunkt $\Rightarrow f'(x_0) = 0$

c) $f'(x_0) = 0 \wedge f''(x_0) < 0 \Rightarrow G_f$ hat bei x_0 einen relativen Hochpunkt
$f'(x_0) = 0 \wedge f''(x_0) > 0 \Rightarrow G_f$ hat bei x_0 einen relativen Tiefpunkt

d) f ist stetig in x_0 und in einer Umgebung von x_0 gilt:
$f'(x) > 0$ für $x < x_0 \wedge f'(x) < 0$ für $x > x_0 \Rightarrow G_f$ hat bei x_0 einen relativen Hochpunkt
$f'(x) < 0$ für $x < x_0 \wedge f'(x) > 0$ für $x > x_0 \Rightarrow G_f$ hat bei x_0 einen relativen Tiefpunkt.

5. Krümmung

a) Definition

G_f heißt im Intervall J *rechtsgekrümmt* (linksgekrümmt), wenn die Steigung der Tangente in J echt monoton *abnimmt* (zunimmt). Statt rechtsgekrümmt sagt man auch *konvex*, statt linksgekrümmt *konkav*.

b) Kriterien

$$\left.\begin{array}{l} f''(x) < 0 \\ f''(x) > 0 \end{array}\right\} \text{ für alle } x \in J \Rightarrow G_f \text{ ist in } J \left\{\begin{array}{l} \text{rechtsgekrümmt} \\ \text{linksgekrümmt} \end{array}\right.$$

konkav / konvex

c) Krümmungsmaß k, Krümmungsradius ϱ, Krümmungsmittelpunkt $M(x_M; y_M)$

$$k = \frac{f''(x)}{(1 + [f'(x)]^2)^{\frac{3}{2}}} \qquad x_M = x - \frac{f'(x)(1 + [f'(x)]^2)}{f''(x)}$$

$$\varrho = \frac{(1 + [f'(x)]^2)^{\frac{3}{2}}}{f''(x)} \qquad y_M = y + \frac{1 + [f'(x)]^2}{f''(x)} \qquad f''(x) \neq 0$$

6. Flachpunkt, Wendepunkt

a) Definition

$x_0 \in D_f$ heißt *Flachstelle* von f (bzw. von G_f), wenn $f''(x_0) = 0$. $(x_0; f(x_0))$ heißt *Flachpunkt.*

$x_0 \in D_f$ heißt *Wendestelle* von f (bzw. von G_f), wenn x_0 eine eigentliche Extremalstelle von f' ist, ohne Randstelle von D_f zu sein.

Ist x_0 Wendestelle, so durchdringt die Tangente im *Wendepunkt* $W(x_0; f(x_0))$ den Graphen. Ein Wendepunkt mit horizontaler Tangente heißt *Terrassenpunkt.*

b) Kriterien

(1) $x_0 \in D_{f''}$ ist Wendestelle von $f \Rightarrow f''(x_0) = 0$

(2) $f''(x_0) = 0 \wedge f'''(x_0) \neq 0 \Rightarrow x_0$ ist Wendestelle von f.

(3) $f''(x_0) = 0 \wedge f'''(x_0) \neq 0 \wedge f'(x_0) = 0 \Rightarrow$
$\Rightarrow G_f$ hat bei x_0 einen Terrassenpunkt.

Integralrechnung

A. Grenzwertdarstellung des bestimmten Integrals

Existiert $\lim\limits_{n \to \infty} \sum\limits_{\nu=1}^{n} f(\xi_\nu) \Delta x_\nu$ mit $\Delta x_\nu = x_\nu - x_{\nu-1}$, $x_0 = a$, $x_n = b$, $n \in \mathbb{N}$ und $\xi_\nu \in [x_{\nu-1}; x_\nu]$

wenn beim Grenzübergang die Länge des größten der Intervalle Δx_ν gegen Null geht, so heißt f über $[a; b]$ *integrierbar.*

Man schreibt dann $\int\limits_a^b f(x)\,dx = \lim\limits_{n \to \infty} \sum\limits_{\nu=1}^{n} f(\xi_\nu) \Delta x_\nu$

Differenzierbarkeit $\Rightarrow$ Stetigkeit $\Rightarrow$ Integrierbarkeit

B. Eigenschaften des bestimmten Integrals

1. $\int_a^b f(x)\,dx = -\int_b^a f(x)\,dx$

2. $\int_a^a f(x)\,dx = 0$

3. $\int_a^b C\,f(x)\,dx = C \cdot \int_a^b f(x)\,dx$

4. $\int_a^b f(x)\,dx = \int_a^c f(x)\,dx + \int_c^b f(x)\,dx$ (Additivitätseigenschaft)

5. $\int_a^b (f(x) + g(x))\,dx = \int_a^b f(x)\,dx + \int_a^b g(x)\,dx$ (Linearitätseigenschaft)

6. Sind f und g in $[a; b]$ integrierbar und ist $f(x) < g(x)$ für alle $x \in [a; b]$, so gilt:
   $$\int_a^b f(x)\,dx < \int_a^b g(x)\,dx$$

7. Aus $m \leqq f(x) \leqq M$ für alle $x \in [a; b]$ folgt:
   $$m(b-a) \leqq \int_a^b f(x)\,dx \leqq M(b-a)$$

C. Integralfunktion und Stammfunktion in einem Intervall

1. Ist f in J integrierbar, so heißt jede in J definierte Funktion
   $$F: x \mapsto F(x) = \int_a^x f(t)\,dt \quad \text{mit} \quad a \in J$$
   eine Integralfunktion von f.

2. Jede Integralfunktion F von f hat an der unteren Integrationsgrenze eine Nullstelle.

3. Stammfunktion

   Sind F und f in einem gemeinsamen Bereich D definiert und ist F in D differenzierbar, so heißt F Stammfunktion zu f in D, wenn
   $$F'(x) = f(x)$$
   für alle $x \in D$ gilt.

4. Jede Integralfunktion einer stetigen Funktion f ist eine Stammfunktion zu f.

5. Die Differenz zweier Stammfunktionen F_1 und F_2 zu ein und derselben Funktion f ist eine konstante Funktion.

6. Hauptsatz der Differential- und Integralrechnung

$$F(x) = \int_a^x f(t)\,\mathrm{d}t \Rightarrow F'(x) = f(x), \text{ falls } f \text{ stetig ist}$$

i. W.: Jede Integralfunktion einer stetigen Integrandenfunktion ist differenzierbar und ihre Ableitung ist gleich der Integrandenfunktion.

7. Integrationsformel

$$\int_a^b f(x)\,\mathrm{d}x = F(b) - F(a) =: [F(x)]_a^b, \text{ falls } f \text{ stetig ist}$$

i. W.: Das bestimmte Integral einer stetigen Funktion f zwischen der unteren Grenze a und der oberen Grenze b ist gleich der Differenz $F(b) - F(a)$ der Funktionswerte einer beliebigen Stammfunktion F zu f.

D. Grundintegrale

Mit der Schreibweise $\int f(x)\,\mathrm{d}x = F(x) + C$ wird formelmäßig zum Ausdruck gebracht, daß $(F(x) + C)' = f(x)$ ist. Es handelt sich um keine Gleichung im algebraischen Sinn. Das Gleichheitszeichen darf nicht transitiv verwendet werden.
Jede Formel gilt für Intervalle im Differenzierbarkeitsbereich der jeweiligen Stammfunktion F und ist auf jedes bestimmte Integral mit der unteren Grenze a und der oberen Grenze b anwendbar, sofern $[a; b]$ ein *Intervall* auf D_f ist.

$\int x^n\,\mathrm{d}x = \frac{x^{n+1}}{n+1} + C \quad \begin{cases} n \in \mathbb{R} \\ n \neq -1 \end{cases}$	$\int \frac{1}{x}\,\mathrm{d}x = \ln\lvert x\rvert + C$
$\int \sin x\,\mathrm{d}x = -\cos x + C$	$\int \mathrm{e}^x\,\mathrm{d}x = \mathrm{e}^x + C$
$\int \cos x\,\mathrm{d}x = \sin x + C$	$\int a^x\,\mathrm{d}x = \frac{a^x}{\ln a} + C \quad \begin{cases} a > 0 \\ a \neq 1 \end{cases}$
$\int \frac{1}{\cos^2 x}\,\mathrm{d}x = \tan x + C$	$\int \frac{1}{\sqrt{1-x^2}}\,\mathrm{d}x = \arcsin x + C$
$\int \frac{1}{\sin^2 x}\,\mathrm{d}x = -\cot x + C$	$\int \frac{1}{1+x^2}\,\mathrm{d}x = \arctan x + C$

E. Weitere Integrale $(a > 0)$

$$\int \frac{f'(x)}{f(x)}\,dx = \ln|f(x)| + C \qquad \int \frac{f'(x)}{1+(f(x))^2}\,dx = \arctan f(x) + C$$

$$\int \frac{1}{a^2 - x^2}\,dx = \frac{1}{2a}\ln\left|\frac{a+x}{a-x}\right| + C \qquad \int \frac{1}{a^2 + x^2}\,dx = \frac{1}{a}\arctan\frac{x}{a} + C$$

$$\int \sin^2 x\,dx = \tfrac{1}{2}(x - \sin x\cos x) + C \qquad \int \cos^2 x\,dx = \tfrac{1}{2}(x + \sin x\cos x) + C$$

$$\int \tan x\,dx = -\ln|\cos x| + C \qquad \int \cot x\,dx = \ln|\sin x| + C$$

$$\int \ln x\,dx = -x + x\ln x + C \qquad \int \frac{x}{\sqrt{a^2 - x^2}}\,dx = -\sqrt{a^2 - x^2} + C$$

$$\int \frac{1}{\sqrt{a^2 - x^2}}\,dx = \arcsin\frac{x}{a} + C \qquad \int \frac{1}{\sqrt{x^2 \pm a^2}}\,dx = \ln|x + \sqrt{x^2 \pm a^2}| + C$$

$$\int \sqrt{a^2 - x^2}\,dx = \frac{x}{2}\sqrt{a^2 - x^2} + \frac{a^2}{2}\arcsin\frac{x}{a} + C, \text{ (Kreisintegral)}$$

$$\int \sqrt{a^2 + x^2}\,dx = \frac{x}{2}\sqrt{a^2 + x^2} + \frac{a^2}{2}\ln\left(x + \sqrt{a^2 + x^2}\right) + C$$

F. Integrationsverfahren

1. Integration durch Substitution

   Ist f stetig und g in $]a; b[$ stetig differenzierbar, so gilt:

$$\int_a^b f(x)\,dx = \int_{g^{-1}(a)}^{g^{-1}(b)} f(g(t))\,g'(t)\,dt \text{ mit } x = g(t)$$

2. Partielle Integration

$$\int_a^b u(x)\,v'(x)\,dx = [u(x)\,v(x)]_a^b - \int_a^b v(x)\,u'(x)\,dx$$

G. Uneigentliche Integrale

1. Integrationsbereich nach rechts bzw. links nicht beschränkt.

   Ist $f\colon x \mapsto f(x)$ für $x \geqq a$ (bzw. $x \leqq b$) integrierbar, so bedeutet:

$$\int_a^\infty f(x)\,dx := \lim_{b\to\infty} \int_a^b f(x)\,dx$$

bzw. $$\int_{-\infty}^b f(x)\,dx := \lim_{a\to-\infty} \int_a^b f(x)\,dx$$

Speziell: Ist $a \in \mathbb{R}^+$ und $k > 1$, so gilt:

$$\int_a^\infty \frac{dx}{x^k} = -\frac{a^{1-k}}{1-k}$$

2. Integrand an der unteren bzw. oberen Grenze nicht beschränkt

Ist $f: x \mapsto f(x)$ in $]a; b]$ bzw. $[a; b[$ integrierbar und bei a bzw. b nicht beschränkt, so bedeutet:

$$\int_a^b f(x)\,dx := \lim_{t \to a+0} \int_t^b f(x)\,dx$$

bzw. $$\int_a^b f(x)\,dx := \lim_{t \to b-0} \int_a^t f(x)\,dx$$

Speziell: Ist $b \in \mathbb{R}^+$ und $0 < k < 1$, so gilt:

$$\int_0^b \frac{dx}{x^k} = \frac{b^{1-k}}{1-k}$$

H. Geometrische Anwendungen

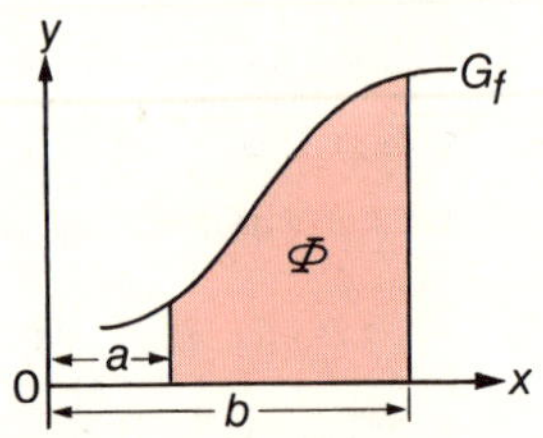

1. Flächenmaßzahl A des zwischen der x-Achse, dem Graphen zu $f: x \mapsto f(x)$ und den Ordinaten zu $x = a$ und $x = b$ liegenden Flächenstücks Φ

$$A = \left| \int_a^b |f(x)|\,dx \right|$$

2. Raummaßzahl V des durch Rotation des Flächenstücks Φ um die x-Achse entstehenden Rotationskörpers

$$V = \pi \int_a^b [f(x)]^2\,dx$$

3. Raummaßzahl V eines Körpers mit bekannter Querschnittsfunktion $q(x)$

$$V = \int_a^b q(x)\,dx$$

4. Maßzahl s der Länge des Bogens zwischen $x = a$ und $x = b$

$$s = \int_a^b \sqrt{1 + [f'(x)]^2}\,dx$$

5. Maßzahl der Mantelfläche des Rotationskörpers von (2)

$$M = 2\pi \left| \int_a^b |f(x)| \cdot \sqrt{1 + [f'(x)]^2}\, dx \right|$$

6. Schwerpunkt $S\,(x_S; y_S)$ des Flächenstücks Φ von (1)

$$x_S \int_a^b f(x)\, dx = \int_a^b x\, f(x)\, dx \qquad y_S \int_a^b f(x)\, dx = \frac{1}{2} \int_a^b [f(x)]^2\, dx$$

7. Schwerpunkt $S\,(x_0; y_0)$ des Bogenstücks von (4)

$$s \cdot x_0 = \int_a^b x \sqrt{1 + [f'(x)]^2}\, dx \qquad s \cdot y_0 = \int_a^b f(x) \sqrt{1 + [f'(x)]^2}\, dx$$

8. GULDINsche Regeln

a) Das Volumen V eines Rotationskörpers ist gleich dem Produkt aus dem Inhalt A des sich drehenden Flächenstücks und dem Weg seines Schwerpunkts. Mit der x-Achse als Drehachse gilt:

$$V = A \cdot 2 y_S\, \pi$$

b) Die Größe M der Mantelfläche eines Rotationskörpers ist gleich dem Produkt aus der Länge s des sich drehenden Bogenstücks und dem Weg seines Schwerpunkts. Mit der x-Achse als Drehachse gilt:

$$M = s \cdot 2 y_0\, \pi$$

I. Näherungsformeln zur Integration

1. Sehnen-Trapezverfahren

$$\int_a^b f(x)\, dx \approx \frac{b-a}{2n} \left[f(x_0) + 2 f(x_1) + 2 f(x_2) + \ldots + 2 f(x_{n-1}) + f(x_n)\right]$$

mit Unterteilung des Intervalls $[a; b]$ in n gleich breite Teilabschnitte, wobei $x_0 = a$, $x_n = b$; $n \in \mathbb{N}$.

2. SIMPSONsche Regel

$$\int_a^b f(x)\, dx \approx \frac{b-a}{3n} \left[f(x_0) + 4 f(x_1) + 2 f(x_2) + 4 f(x_3) + 2 f(x_4) + \ldots + 2 f(x_{n-2}) + 4 f(x_{n-1}) + f(x_n)\right]$$

mit Unterteilung des Intervalls $[a; b]$ in n gleich breite Teilabschnitte, wobei $x_0 = a$, $x_n = b$; n eine *gerade* Zahl aus $\mathbb{N}$.

Definitionen und Rechenregeln

A. Paardarstellung einer komplexen Zahl

Eine komplexe Zahl z ist ein geordnetes Paar $(x; y)$ [auch $\begin{pmatrix} x \\ y \end{pmatrix}$ geschrieben] reeller Zahlen.

$$z = (x; y) = \begin{pmatrix} x \\ y \end{pmatrix} \qquad \begin{array}{ll} x = \text{Re}\,(z) \in \mathbb{R} & \text{Realteil von } z \\ y = \text{Im}\,(z) \in \mathbb{R} & \text{Imaginärteil von } z \end{array}$$

Gleichheit von $z_1 = (x_1; y_1)$ und $z_2 = (x_2; y_2)$

$$z_1 = z_2 \Leftrightarrow x_1 = x_2 \wedge y_1 = y_2$$

Verknüpfungen von $z_1 = (x_1; y_1)$ und $z_2 = (x_2; y_2)$

Summe $\quad z_1 + z_2 = (x_1 + x_2; \quad y_1 + y_2)$

Produkt $\quad z_1 \cdot z_2 = (x_1 x_2 - y_1 y_2; \quad x_1 y_2 + x_2 y_1)$

B. Normalform einer komplexen Zahl

Mit $(1; 0) = 1$ als reeller Einheit, $\qquad (x; 0) = x$,

$(0; 1) = \text{i}$ als imaginärer Einheit, $\qquad (0; y) = \text{i}y$,

wird für z eine Summendarstellung definiert

$$z = (x; y) = (x; 0) + (0; y) = x + \text{i}y$$

Verknüpfungen von $z_1 = x_1 + \text{i}y_1$ und $z_2 = x_2 + \text{i}y_2$

Summe $\quad z_1 + z_2 = (x_1 + x_2) + \text{i}\,(y_1 + y_2)$

Produkt $\quad z_1 \cdot z_2 = (x_1 x_2 - y_1 y_2) + \text{i}\,(x_1 y_2 + x_2 y_1)$

C. Polarform einer komplexen Zahl

$$z = |z| \cdot (\cos\varphi + \text{i}\sin\varphi)$$

wobei $|z|$ Betrag der komplexen Zahl

$\varphi = \text{arc}\,(z)$ Argument der komplexen Zahl

mit $0 \leqq \text{arc}\,(z) < 2\pi$

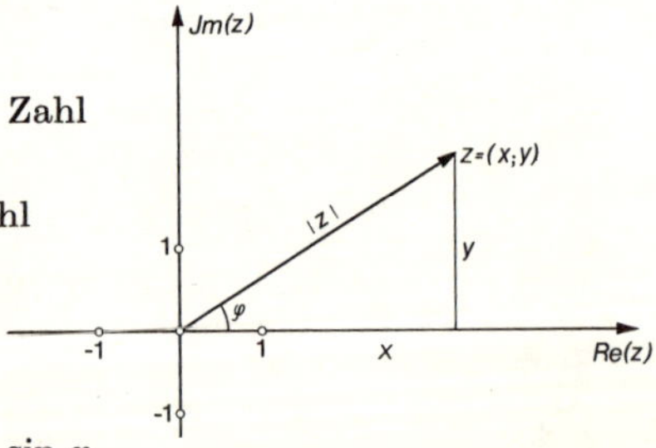

Abkürzende Schreibweisen

$$z = |z| \cdot E(\varphi) = |z| \cdot \text{cis}\,\varphi$$

wobei $E(\varphi) = \text{cis}\,\varphi = \cos\varphi + \text{i}\sin\varphi$.

Für $z_1 = |z_1|\,E(\varphi_1)$ und $z_2 = |z_2|\,E(\varphi_2)$ gilt:

Produkt $z_1 \cdot z_2 = |z_1|\,|z_2| \cdot E\,(\varphi_1 + \varphi_2)$

$$= |z_1|\,|z_2|\,(\cos(\varphi_1 + \varphi_2) + \text{i}\sin(\varphi_1 + \varphi_2))$$

Quotient $\dfrac{z_1}{z_2} = \dfrac{|z_1|}{|z_2|} E(\varphi_1 - \varphi_2) \quad z_2 \neq 0$

$= \dfrac{|z_1|}{|z_2|} (\cos(\varphi_1 - \varphi_2) + \mathrm{i} \sin(\varphi_1 - \varphi_2))$

Potenz $z^n = |z|^n E(n\varphi) = |z|^n (\cos n\varphi + \mathrm{i} \sin n\varphi) \quad n \in \mathbb{N}$

D. Umrechnungsformeln*

$|z| = \sqrt{x^2 + y^2}$	$x = |z| \cos\varphi$
für $x \neq 0$: $\tan\varphi = \dfrac{y}{x}$ **	$y = |z| \sin\varphi$
für $x = 0$: $\varphi = \frac{1}{2}\pi$ wenn $y > 0$,	
$\varphi = \frac{3}{2}\pi$ wenn $y < 0$.	

E. Konjugierte Paare komplexer Zahlen

Die Zahlen $z = (x; y) = x + \mathrm{i}y$ und $\overline{z} = (x; -y) = x - \mathrm{i}y$ heißen zueinander konjugiert.

Regeln:

$\overline{z_1 + z_2} = \overline{z_1} + \overline{z_2}$ $\qquad \overline{z_1 - z_2} = \overline{z_1} - \overline{z_2}$

$\overline{z_1 \cdot z_2} = \overline{z_1} \cdot \overline{z_2}$ $\qquad \overline{z_1 : z_2} = \overline{z_1} : \overline{z_2} \quad (z_2 \neq 0)$

$\overline{z^n} = (\overline{z})^n$ $\qquad \overline{(\overline{z})} = z$

$z + \overline{z} = 2 \cdot \mathrm{Re}(z)$ $\qquad z - \overline{z} = 2\,\mathrm{i} \cdot \mathrm{Im}(z)$

$z \cdot \overline{z} = |z|^2$

F. Eigenschaften von $E(\varphi) = \cos\varphi + \mathrm{i}\sin\varphi$

$E(\varphi + k \cdot 2\pi) = E(\varphi)$ für $k \in \mathbb{Z}$, $\varphi \in \mathbb{R}$

$|E(\varphi)| = 1$

$E(\varphi_1) \cdot E(\varphi_2) = E(\varphi_1 + \varphi_2)$ für alle $\varphi_1, \varphi_2 \in \mathbb{R}$

$E(\varphi) \cdot E(-\varphi) = 1$ für alle $\varphi \in \mathbb{R}$

Satz von Moivre

$[E(\varphi)]^n = E(n\varphi)$ für alle $n \in \mathbb{N}$, $\varphi \in \mathbb{R}$

$(\cos\varphi + \mathrm{i}\sin\varphi)^n = \cos n\varphi + \mathrm{i}\sin n\varphi$

für alle $n \in \mathbb{N}$, $\varphi \in \mathbb{R}$

Eulersche Formel $E(\varphi) = \mathrm{e}^{\mathrm{i}\varphi}$

$\mathrm{e}^{2\pi\mathrm{i}} = 1$

---

* Dies sind zugleich die Formeln zur Umwandlung von kartesischen Koordinaten $(x; y)$ in Polarkoordinaten $(r; \varphi)$ und umgekehrt, wobei $r = |z|$.

** φ wird eindeutig bestimmt durch das Vorzeichen von $\sin\varphi$ bzw. $\cos\varphi$.

G. Potenzen der imaginären Einheit i

$i^2 = -1; \qquad i^3 = -i; \qquad i^4 = 1 \qquad i^1 = i$

$i^{4n+k} = i^k \quad$ für $n \in \mathbb{N}_0,\ k \in \{1, 2, 3, 4\}$

$(-i)^1 = -i \quad (-i)^2 = -1 \quad (-i)^3 = i \quad (-i)^4 = 1$

Punktmengen in der Gaussschen Zahlenebene

A. Gerade

1. Allgemeine Geradengleichung

$$g = \{z \mid \overline{b}\, z + b\, \overline{z} + \gamma = 0\} \text{ mit } b \in \mathbb{C} \setminus \{0\} \text{ und } \gamma \in \mathbb{R}$$

stellt eine Gerade in der Zahlenebene dar, die b als Normalenvektor und vom Ursprung den Abstand $\dfrac{|\gamma|}{2\,|b|}$ hat.

2. Parameterform der Geradengleichung

$$g = \{z \mid z = a + b\, t \wedge t \in \mathbb{R}\} \text{ mit } a \in \mathbb{C},\ b \in \mathbb{C} \setminus \{0\}$$

stellt eine Gerade in der Zahlenebene dar, die a als Anfangsvektor und b als Richtungsvektor hat.

B. Kreis

Beschreibung der Kreislinie k um $M\,(m)$ mit dem Radius r durch

1. Betragsform der Kreisgleichung

$$k = \{z \mid |z - m| - r = 0\} \text{ mit } m \in \mathbb{C},\ r \in \mathbb{R}^+$$

2. Betragsfreie Form der Kreisgleichung

$$k = \{z \mid z\,\overline{z} - \overline{m}\, z - m\, \overline{z} + \gamma = 0\} \text{ mit } m \in \mathbb{C},\ \gamma \in \mathbb{R}$$

wobei $m\,\overline{m} - \gamma = r^2 > 0$

3. Parameterform der Kreisgleichung

$$k = \{z \mid z = m + r\,(\cos t + \mathrm{i} \sin t) \wedge 0 \leqq t < 2\,\pi\}$$

mit $m \in \mathbb{C},\ r \in \mathbb{R}^+$.

C. Kreisumgebung eines Punktes

1. Offene δ-Umgebung des Punktes z_0

$$U_\delta(z_0) = \{z \mid |z - z_0| < \delta\}$$

2. Punktierte δ-Umgebung des Punktes z_0

$$U_\delta^*(z_0) = \{z \mid 0 < |z - z_0| < \delta\}$$

3. Punktierte Umgebung des Punktes ∞

$$U_R^*(\infty) = \{z \mid |z| > R\}$$

Lösungen besonderer Gleichungen

1. Die Gleichung $z^n = a,\ a \in \mathbb{C} \setminus \{0\}$

$$z^n = |a| \cdot (\cos\alpha + \mathrm{i}\sin\alpha), \quad \alpha = \operatorname{arc}(a)$$

hat n verschiedene Lösungen

$$z_k = \sqrt[n]{|a|}\left[\cos\left(\frac{\alpha}{n} + k\,\frac{2\pi}{n}\right) + \mathrm{i}\sin\left(\frac{\alpha}{n} + k\,\frac{2\pi}{n}\right)\right],\ k = 0, 1, \ldots (n-1)$$

2. Die Kreisteilungsgleichung $z^n = 1$

hat als Lösungen die n-ten *Einheitswurzeln*

$$\varepsilon_n(k) = \cos\left(k\,\frac{2\pi}{n}\right) + \mathrm{i}\sin\left(k\,\frac{2\pi}{n}\right),\ k = 0, 1, \ldots (n-1)$$

Die Menge der n-ten Einheitswurzeln $\{\varepsilon_n(k) \mid k = 0, 1, \ldots (n-1)\}$, $n \in \mathbb{N}$ bildet eine Gruppe mit der Multiplikation als Verknüpfung.

3. Gleichungen höheren Grades

s. S. 19

Abbildungen der Gaussschen Zahlenebene

A. Definition

Deutung der komplexen Funktion

$f: z \mapsto w$ mit $w = f(z)$ wobei $z \in D_f \subset \mathbb{C},\ w \in W_f \subset \mathbb{C}$

als Abbildung der Gaussschen Zahlenebene auf oder in sich.

Abbildungen s. S. 89

B. Funktionen

1. $z \mapsto z + b,\quad b \in \mathbb{C}$

Translation der Gaußschen Zahlenebene um b.

2. $z \mapsto a\,z,\quad a \in \mathbb{C} \setminus \{0\}$

Drehstreckung mit Zentrum O, Streckungsfaktor $|a|$ und Drehwinkel $\operatorname{arc}(a)$

Für $|a| = 1$: Drehung um O mit dem Drehwinkel $\operatorname{arc}(a)$
Für $a = 1$: Identische Abbildung
Für $a \in \mathbb{R}$: Zentrische Streckung

3. $z \mapsto a\,z + b, \quad a \in \mathbb{C} \setminus \{0\}, \; b \in \mathbb{C}$

Gleichsinnige Ähnlichkeitsabbildung mit dem Ähnlichkeitsmaßstab $|a|$

Für $|a| = 1$: Gleichsinnige Kongruenzabbildung

Jede gleichsinnige Ähnlichkeitsabbildung, die keine identische Abbildung und keine Translation ist, besitzt genau einen Fixpunkt. Sie läßt sich dann als Drehstreckung deuten. Mit z_0 als Fixpunkt ist die Fixpunktdarstellung der gleichsinnigen Ähnlichkeitsabbildung

$$z \mapsto w \quad \text{wobei} \quad w - z_0 = a\,(z - z_0)$$

4. $z \mapsto \overline{z}$

Spiegelung an der reellen Achse

5. $z \mapsto \dfrac{1}{\overline{z}}$

Spiegelung am Einheitskreis.
Original- und Bildpunkt haben das gleiche Argument; ihre Beträge sind zueinander reziprok.
Die Abbildung bildet jeden Kreis k der durch den Punkt ∞ ergänzten Gaussschen Ebene auf einen Kreis k' ab. Enthält k den Punkt $z = 0$, so geht k' durch $w = \infty$ und umgekehrt.

C. Stetigkeit der Funktion f: $z \mapsto w$ mit $w = f(z)$

1. Definition

f ist stetig im Punkt z_0, wenn es zu jeder noch so kleinen Kreisumgebung $U_\varepsilon(w_0)$ des Bildpunkts $w_0 = f(z_0)$ eine hinreichend kleine Kreisumgebung $U_\delta(z_0)$ des Punktes z_0 gibt, so daß die Bildmenge $f\,[U_\delta(z_0)]$ ganz in $U_\varepsilon(w_0)$ enthalten ist, kurz,
wenn es zu jedem $\varepsilon > 0$ ein $\delta > 0$ gibt, so daß

$$f\,[U_\delta(z_0)] \subset U_\varepsilon\,[f(z_0)]$$

f heißt stetig in D_f, wenn f in jedem Punkt $z \in D_f$ stetig ist.

2. Sätze

Jede lineare Funktion f: $z \mapsto a\,z + b$ ist stetig in $D_f = \mathbb{C}$. Es ist

$$f\,[U_\delta(z_0)] \subset U_\varepsilon(f(z_0)] \text{ für } \delta < \frac{\varepsilon}{|a|}, \quad a \neq 0.$$

Die Funktion f: $z \mapsto \dfrac{1}{z}$ ist stetig in $D_f = \mathbb{C} \setminus \{0\}$

Vektorraum

A. Definition des Vektorraums

V heißt *Vektorraum* über dem Körper K, wenn gilt:

(1) V ist eine ABELsche Gruppe bezüglich einer Verknüpfung „+", d.h.:

$$(\forall \vec{a}, \vec{b} \in V)\ (\exists_1 \vec{c} \in V): \quad \vec{a} + \vec{b} = \vec{c}$$

$$(\forall \vec{a}, \vec{b}, \vec{c} \in V): \quad (\vec{a} + \vec{b}) + \vec{c} = \vec{a} + (\vec{b} + \vec{c})$$

$$(\exists \vec{o} \in V)\ (\forall \vec{a} \in V): \quad \vec{a} + \vec{o} = \vec{a}$$

$$(\forall \vec{a} \in V)\ (\exists_1 \vec{a}' \in V): \quad \vec{a} + \vec{a}' = \vec{o}$$

$$(\forall \vec{a}, \vec{b} \in V): \quad \vec{a} + \vec{b} = \vec{b} + \vec{a}$$

(2) Zwischen den Elementen von V und den Elementen von K ist eine Verknüpfung „·" erklärt mit folgenden Eigenschaften:

$$(\forall \vec{a} \in V)\ (\forall \lambda \in K)\ (\exists_1 \vec{b} \in V): \quad \lambda \cdot \vec{a} = \vec{b}$$

$$(\forall \vec{a} \in V): \quad 1 \cdot \vec{a} = \vec{a}$$

$$(\forall \vec{a} \in V)\ (\forall \lambda, \mu \in K): \quad \lambda \cdot (\mu \cdot \vec{a}) = (\lambda\, \mu) \cdot \vec{a}$$

$$(\forall \vec{a} \in V)\ (\forall \lambda, \mu \in K): \quad (\lambda + \mu) \cdot \vec{a} = \lambda \cdot \vec{a} + \mu \cdot \vec{a}$$

$$(\forall \vec{a}, \vec{b} \in V)\ (\forall \lambda \in K): \quad \lambda \cdot (\vec{a} + \vec{b}) = \lambda \cdot \vec{a} + \lambda \cdot \vec{b}$$

B. Lineare Abhängigkeit

Zwei Vektoren $\vec{a}, \vec{b}$ sind genau dann *linear abhängig* (*kollinear*), wenn

$\lambda \vec{a} + \mu \vec{b} = \vec{o}$ wobei $\lambda^2 + \mu^2 > 0$

Zwei Vektoren $\vec{a}, \vec{b}$ sind genau dann *linear unabhängig*, wenn aus

$\lambda \vec{a} + \mu \vec{b} = \vec{o}$ folgt: $\lambda = 0$, $\mu = 0$

Drei Vektoren $\vec{a}, \vec{b}, \vec{c}$ sind genau dann *linear abhängig* (*komplanar*), wenn

$\lambda \vec{a} + \mu \vec{b} + \nu \vec{c} = \vec{o}$ wobei $\lambda^2 + \mu^2 + \nu^2 > 0$

Drei Vektoren $\vec{a}, \vec{b}, \vec{c}$ sind genau dann *linear unabhängig*, wenn aus

$\lambda \vec{a} + \mu \vec{b} + \nu \vec{c} = \vec{o}$ folgt: $\lambda = 0$, $\mu = 0$, $\nu = 0$

Man sagt, V hat die *Dimension* n oder ist n-dimensional, wenn die Maximalzahl linear unabhängiger Vektoren n ist.

Komponenten, Koordinaten

A. Basis eines Vektorraums

n linear unabhängige Vektoren $\vec{g}_1, \vec{g}_2, \ldots \vec{g}_n$ (Grundvektoren) bilden eine *Basis* des n-dimensionalen Vektorraums. Dann gibt es zu jedem Vektor $\vec{x}$ n eindeutig bestimmte reelle Zahlen $x_1, x_2, \ldots x_n$, so daß

$$\vec{x} = x_1 \vec{g}_1 + x_2 \vec{g}_2 + \ldots + x_n \vec{g}_n$$

Die Zahlen x_i heißen *Koordinaten*, die Vektoren $x_i \vec{g}_i$ *Komponenten* des Vektors $\vec{x}$ in bezug auf die Basis $[\vec{g}_1, \vec{g}_2, \ldots, \vec{g}_n]$.

Spezielle Fälle

$n = 2$

$$\vec{x} = x_1 \vec{g}_1 + x_2 \vec{g}_2 = \begin{pmatrix} x_1 \\ x_2 \end{pmatrix}$$

$n = 3$

$$\vec{x} = x_1 \vec{g}_1 + x_2 \vec{g}_2 + x_3 \vec{g}_3 = \begin{pmatrix} x_1 \\ x_2 \\ x_3 \end{pmatrix}$$

B. Operationen mit Vektoren in Koordinatenschreibweise

1. Gleichheit zweier Vektoren

$$\begin{pmatrix} a_1 \\ a_2 \end{pmatrix} = \begin{pmatrix} b_1 \\ b_2 \end{pmatrix} \Leftrightarrow \begin{cases} a_1 = b_1 \\ a_2 = b_2 \end{cases} \qquad \begin{pmatrix} a_1 \\ a_2 \\ a_3 \end{pmatrix} = \begin{pmatrix} b_1 \\ b_2 \\ b_3 \end{pmatrix} \Leftrightarrow \begin{cases} a_1 = b_1 \\ a_2 = b_2 \\ a_3 = b_3 \end{cases}$$

2. Addition und Subtraktion

$$\begin{pmatrix} a_1 \\ a_2 \end{pmatrix} \pm \begin{pmatrix} b_1 \\ b_2 \end{pmatrix} = \begin{pmatrix} a_1 \pm b_1 \\ a_2 \pm b_2 \end{pmatrix} \qquad \begin{pmatrix} a_1 \\ a_2 \\ a_3 \end{pmatrix} \pm \begin{pmatrix} b_1 \\ b_2 \\ b_3 \end{pmatrix} = \begin{pmatrix} a_1 \pm b_1 \\ a_2 \pm b_2 \\ a_3 \pm b_3 \end{pmatrix}$$

3. Multiplikation eines Vektors mit einem Skalar

$$\lambda \begin{pmatrix} a_1 \\ a_2 \end{pmatrix} = \begin{pmatrix} \lambda a_1 \\ \lambda a_2 \end{pmatrix} \qquad \lambda \begin{pmatrix} a_1 \\ a_2 \\ a_3 \end{pmatrix} = \begin{pmatrix} \lambda a_1 \\ \lambda a_2 \\ \lambda a_3 \end{pmatrix}$$

C. Ortsvektor, Punktkoordinaten

1. Ortsvektor

   Ist O ein fester Anfangspunkt, dann ist jedem Punkt P eineindeutig ein Vektor $\overrightarrow{OP} = \vec{p}$ zugeordnet. $\vec{p}$ heißt *Ortsvektor* des Punktes P in bezug auf den Anfangspunkt O.

2. Punktkoordinaten

Die Koordinaten des Vektors $\vec{p}$, bezogen auf eine Basis $[\vec{g}_i]$, bezeichnet man als *Koordinaten des Punktes P* in bezug auf das *Koordinatensystem* $[O; \vec{g}_i]$

Schreibweise für $n = 2$: $P(p_1; p_2)$

Schreibweise für $n = 3$: $P(p_1; p_2; p_3)$

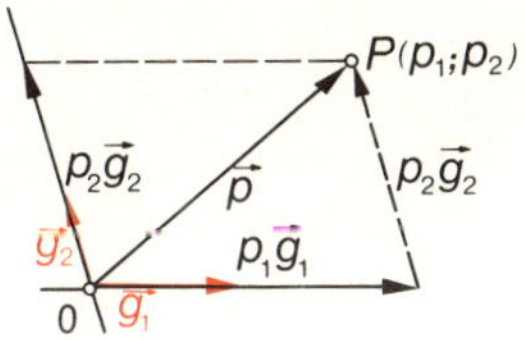

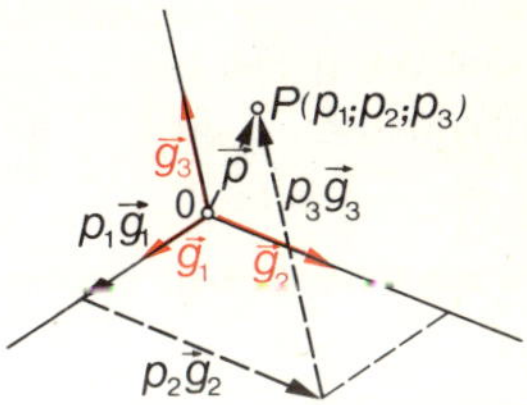

3. Vektor als Differenz zweier Ortsvektoren

Jeder Vektor läßt sich als Differenz zweier Ortsvektoren darstellen:

$$n = 2: \quad \overrightarrow{AB} = \vec{b} - \vec{a} = \begin{pmatrix} b_1 - a_1 \\ b_2 - a_2 \end{pmatrix}$$

mit $A(a_1; a_2)$, $B(b_1; b_2)$

$$n = 3: \quad \overrightarrow{AB} = \vec{b} - \vec{a} = \begin{pmatrix} b_1 - a_1 \\ b_2 - a_2 \\ b_3 - a_3 \end{pmatrix}$$

mit $A(a_1; a_2; a_3)$, $B(b_1; b_2; b_3)$

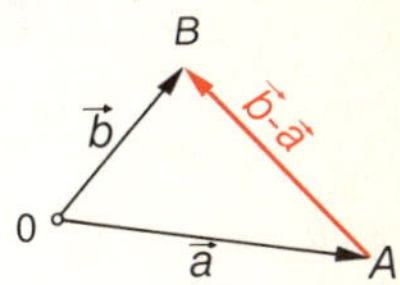

Verknüpfungen, Formeln

A. Kartesisches Koordinatensystem

1. Eine Basis $[\vec{e}_1, \vec{e}_2]$ bzw. $[\vec{e}_1, \vec{e}_2, \vec{e}_3]$ heißt *orthonormiert* oder *kartesisch*, wenn die Basisvektoren die Längenmaßzahl 1 haben und paarweise aufeinander senkrecht stehen.

2. Ein Koordinatensystem $[O; \vec{e}_1, \vec{e}_2]$ bzw. $[O; \vec{e}_1, \vec{e}_2, \vec{e}_3]$ mit orthonormierter Basis heißt *kartesisches Koordinatensystem*.

B. Skalarprodukt

1. Definition

Zwei Vektoren $\vec{a}$ und $\vec{b}$ ist genau eine reelle Zahl $\vec{a} \circ \vec{b}$ zugeordnet:

$$\vec{a} \circ \vec{b} = a \cdot b \cdot \cos\varphi, \quad (0 \leqq \varphi \leqq \pi)$$

wobei a und b die Längenmaßzahlen der Vektoren $\vec{a}$ und $\vec{b}$ sind.

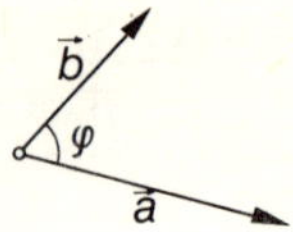

2. Rechenregeln

Kommutativgesetz: $\vec{a} \circ \vec{b} = \vec{b} \circ \vec{a}$

Gemischtes Assoziativgesetz: $(\lambda \vec{a}) \circ \vec{b} = \lambda (\vec{a} \circ \vec{b})$ mit $\lambda \in \mathbb{R}$

Distributivgesetz: $(\vec{a} + \vec{b}) \circ \vec{c} = \vec{a} \circ \vec{c} + \vec{b} \circ \vec{c}$

3. Zueinander senkrechte Vektoren

$$\vec{a} \circ \vec{b} = 0 \quad \Leftrightarrow \quad \vec{a} \perp \vec{b}, \ (\vec{a} \neq \vec{o}, \vec{b} \neq \vec{o})$$

C. Betrag, Einheitsvektor

1. Definition des Betrags: $|\vec{a}| = a = \sqrt{\vec{a} \circ \vec{a}} = \sqrt{(\vec{a})^2}$

2. Rechenregeln

$$|\vec{a} \pm \vec{b}| \leqq |\vec{a}| + |\vec{b}|$$

$$|\lambda \vec{a}| = |\lambda| \cdot |\vec{a}| \text{ mit } \lambda \in \mathbb{R}$$

$$|\vec{a} \circ \vec{b}| \leqq |\vec{a}| \cdot |\vec{b}|$$

3. Einheitsvektor

Jeder Vektor vom Betrag 1 heißt Einheitsvektor. Für den Einheitsvektor $\vec{a}^0$ in Richtung von $\vec{a}$ gilt!

$$\vec{a}^0 = \frac{1}{|\vec{a}|} \vec{a}$$

4. Winkelhalbierende Vektoren

$$\vec{w}_{1,2} = \vec{b}^0 \pm \vec{a}^0$$

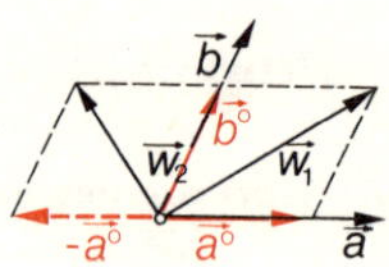

5. Senkrechte Projektion $\vec{b}_{\vec{a}}$ des Vektors $\vec{b}$ auf den Vektor $\vec{a}$

$$\vec{b}_{\vec{a}} = (\vec{b} \circ \vec{a}^0) \vec{a}^0 = \frac{\vec{a} \circ \vec{b}}{(\vec{a})^2} \vec{a}$$

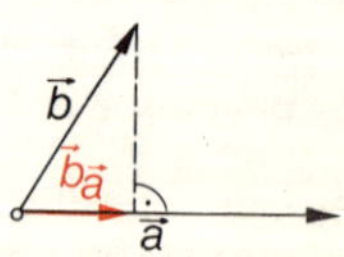

D. Formeln im kartesischen Koordinatensystem

1. Skalarprodukt

$\vec{a} \circ \vec{b} = a_1 b_1 + a_2 b_2$ | $\vec{a} \circ \vec{b} = a_1 b_1 + a_2 b_2 + a_3 b_3$

2. Betrag

$|\vec{a}| = a = \sqrt{a_1^2 + a_2^2}$ | $|\vec{a}| = a = \sqrt{a_1^2 + a_2^2 + a_3^2}$

3. Richtungskosinus

Der Kosinus des Winkels zwischen einem Vektor und einer Koordinatenachse heißt Richtungskosinus des Vektors.

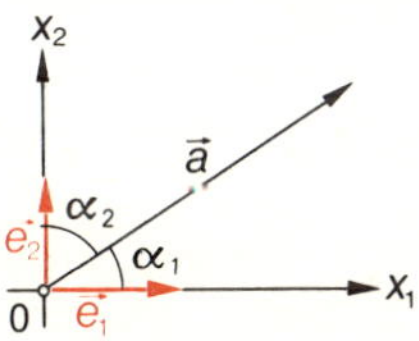

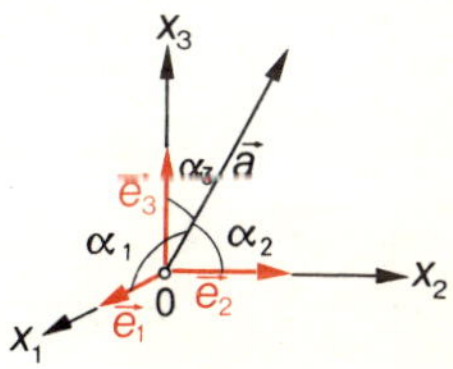

$$\cos \alpha_1 = \frac{\vec{a} \circ \vec{e}_1}{a} = \frac{a_1}{a}$$
$$\cos \alpha_2 = \frac{\vec{a} \circ \vec{e}_2}{a} = \frac{a_2}{a}$$
$$\vec{a}^0 = \begin{pmatrix} \cos \alpha_1 \\ \cos \alpha_2 \end{pmatrix}$$
$$\cos^2 \alpha_1 + \cos^2 \alpha_2 = 1$$

|

$$\cos \alpha_1 = \frac{\vec{a} \circ \vec{e}_1}{a} = \frac{a_1}{a}$$
$$\cos \alpha_2 = \frac{\vec{a} \circ \vec{e}_2}{a} = \frac{a_2}{a}$$
$$\cos \alpha_3 = \frac{\vec{a} \circ \vec{e}_3}{a} = \frac{a_3}{a}$$
$$\vec{a}^0 = \begin{pmatrix} \cos \alpha_1 \\ \cos \alpha_2 \\ \cos \alpha_3 \end{pmatrix}$$
$$\cos^2 \alpha_1 + \cos^2 \alpha_2 + \cos^2 \alpha_3 = 1$$

4. Winkel φ zwischen den Vektoren $\vec{a}$ und $\vec{b}$, $(0 \leqq \varphi \leqq \pi)$

$$\cos \varphi = \vec{a}^0 \circ \vec{b}^0 = \frac{\vec{a} \circ \vec{b}}{a\,b}$$

$\cos \varphi = \dfrac{a_1 b_1 + a_2 b_2}{a\,b}$ | $\cos \varphi = \dfrac{a_1 b_1 + a_2 b_2 + a_3 b_3}{a\,b}$

5. Senkrechtstehen von $\vec{a}$ auf $\vec{b}$

$a_1 b_1 + a_2 b_2 = 0$ | $a_1 b_1 + a_2 b_2 + a_3 b_3 = 0$

E. **Vektorprodukt** (nur für $n = 3$)

1. Definition

Zwei Vektoren $\vec{a}$ und $\vec{b}$ ist genau ein Vektor $\vec{a} \times \vec{b}$ zugeordnet, so daß

(1) $\vec{a} \times \vec{b}$ senkrecht steht auf $\vec{a}$ und $\vec{b}$,

(2) $\vec{a}, \vec{b}, \vec{a} \times \vec{b}$ ein Rechtssystem bilden,

(3) $|\vec{a} \times \vec{b}| = |\vec{a}| \cdot |\vec{b}| \cdot \sin\varphi, \ (0 \leqq \varphi \leqq \pi)$

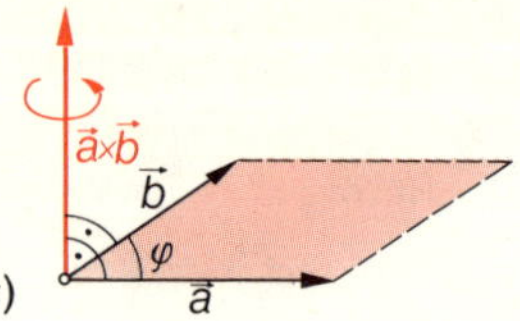

2. Rechenregeln

Alternativgesetz: $\vec{b} \times \vec{a} = -(\vec{a} \times \vec{b})$

Gemisches Assoziativgesetz: $\lambda(\vec{a} \times \vec{b}) = (\lambda\vec{a}) \times \vec{b} = \vec{a} \times (\lambda\vec{b})$

Distributivgesetz: $(\vec{a} + \vec{b}) \times \vec{c} = \vec{a} \times \vec{c} + \vec{b} \times \vec{c}$

3. Kollineare Vektoren: $\vec{a} \times \vec{b} = \vec{o} \Leftrightarrow \vec{a}, \vec{b}$ kollinear, $(\vec{a} \neq \vec{o}, \vec{b} \neq \vec{o})$

4. Vektorprodukt in kartesischen Koordinaten

$$\vec{a} \times \vec{b} = \begin{pmatrix} a_2 b_3 - a_3 b_2 \\ a_3 b_1 - a_1 b_3 \\ a_1 b_2 - a_2 b_1 \end{pmatrix}$$

F. **Inhalte** (in einem kartesischen Koordinatensystem)

1. Flächeninhalt eines Dreiecks ABC

im R^2: $A = \frac{1}{2} \,|(a_1 b_2 - a_2 b_1) + (b_1 c_2 - b_2 c_1) + (c_1 a_2 - c_2 a_1)|$

im R^3: $A = \frac{1}{2} \,|\overrightarrow{AB} \times \overrightarrow{AC}|$

2. Flächeninhalt eines Parallelogramms, aufgespannt von den Vektoren $\vec{a}$ und $\vec{b}$ im R^2: $A = |a_1 b_2 - a_2 b_1|$

3. Volumen eines Parallelflachs

$$V = \vec{a} \circ (\vec{b} \times \vec{c}) = \begin{vmatrix} a_1 & a_2 & a_3 \\ b_1 & b_2 & b_3 \\ c_1 & c_2 & c_3 \end{vmatrix}$$

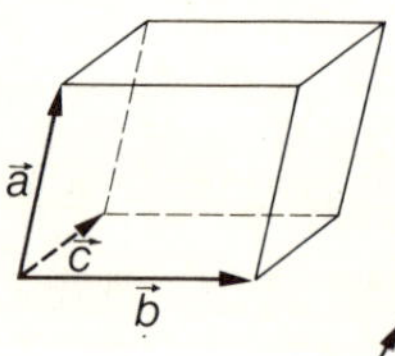

4. Volumen einer dreiseitigen Pyramide

$$V = \frac{1}{6} \vec{a} \circ (\vec{b} \times \vec{c})$$

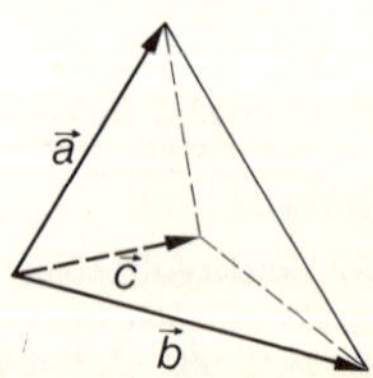

Strecke und Teilung

A. Teilverhältnis

1. Das Teilverhältnis λ definiert den Teilpunkt T auf der Strecke $[AB]$:

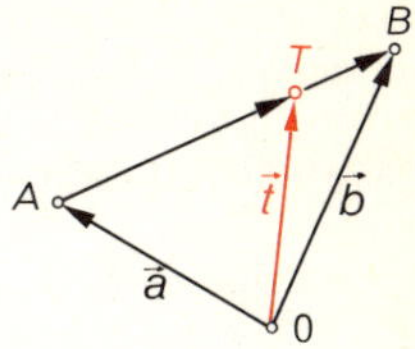

$$\overrightarrow{AT} = \lambda \cdot \overrightarrow{TB}, \ (A \neq B, \lambda \in \mathbb{R})$$

T ist innerer Teilpunkt, wenn $\lambda > 0$
äußerer Teilpunkt, wenn $\lambda < 0$
Mittelpunkt, wenn $\lambda = 1$.

$$\lambda = \frac{t_1 - a_1}{b_1 - t_1} = \frac{t_2 - a_2}{b_2 - t_2}, \quad (b_i - t_i \neq 0; i = 1, 2)$$

2. Ortsvektor $\vec{t}$ des Teilpunkts T

$$\vec{t} = \frac{\vec{a} + \lambda \vec{b}}{1 + \lambda}; \quad t_i = \frac{a_i + \lambda b_i}{1 + \lambda}, \quad (i = 1, 2; \lambda \neq -1)$$

3. Ortsvektor $\vec{m}$ des Mittelpunkts M

$$\vec{m} = \frac{\vec{a} + \vec{b}}{2}; \quad m_i = \frac{a_i + b_i}{2}, \quad (i = 1, 2)$$

B. Schwerpunkt eines Dreiecks

Ortsvektor $\vec{s}$ des Schwerpunkts S des Dreiecks ABC (zugehörige Ortsvektoren $\vec{a}, \vec{b}, \vec{c}$)

$$\vec{s} = \frac{\vec{a} + \vec{b} + \vec{c}}{3}; \quad s_i = \frac{a_i + b_i + c_i}{3}, \quad (i = 1, 2)$$

C. Entfernung zweier Punkte

$$|\overrightarrow{AB}| = \sqrt{(\vec{b} - \vec{a})^2} = \sqrt{(b_1 - a_1)^2 + (b_2 - a_2)^2}$$

Gerade

A. Geradengleichungen in einem affinen Koordinatensystem

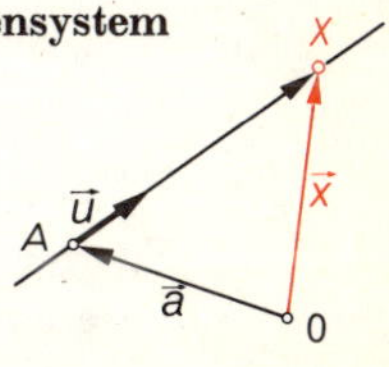

1. Parameterform

a) Vektorielle Punkt-Richtungsform

$$\vec{x} = \vec{a} + \sigma \vec{u}$$
$$(-\infty < \sigma < +\infty; \vec{u} \neq \vec{o})$$

b) Vektorielle Zwei-Punkte-Form

$$\vec{x} = \vec{a} + \sigma(\vec{b} - \vec{a})$$

$$(-\infty < \sigma < +\infty; \vec{a} \neq \vec{b})$$

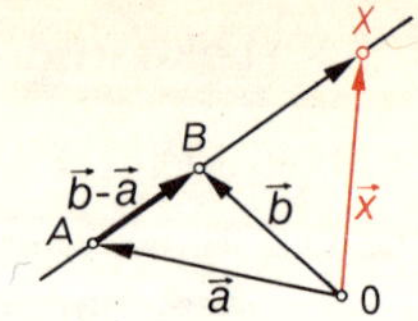

2. Koordinatenform

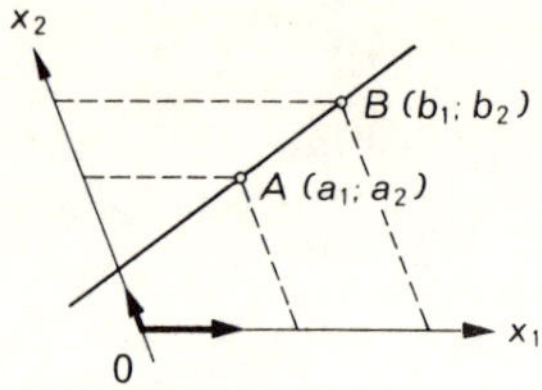

a) Zwei-Punkte-Form

$$\frac{x_2 - a_2}{x_1 - a_1} = \frac{b_2 - a_2}{b_1 - a_1}$$

$$(b_1 \neq a_1, \; x_1 \neq a_1)$$

b) Achsenabschnittsform

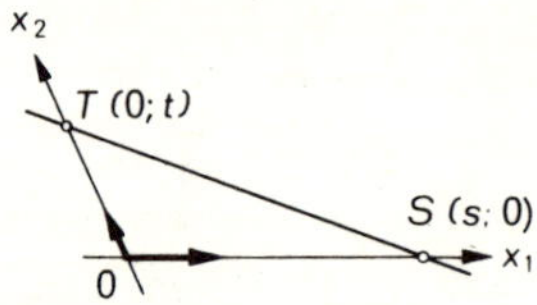

$$\frac{x_1}{s} + \frac{x_2}{t} = 1$$

$$(s \neq 0, \; t \neq 0)$$

B. Geradengleichungen in einem kartesischen Koordinatensystem

1. Steigung einer Geraden

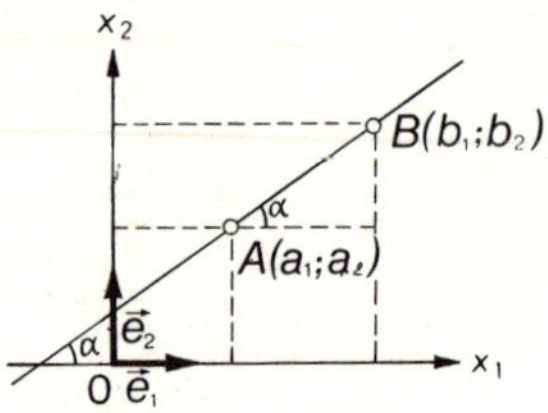

$$m = \tan\alpha = \frac{b_2 - a_2}{b_1 - a_1}$$

$$(a_1 \neq b_1; \; -90° < \alpha < 90°)$$

2. Geradengleichungen

a) Punkt-Richtungsform

$$\frac{x_2 - a_2}{x_1 - a_1} = m \quad (x_1 \neq a_1)$$

b) Explizite Form

$x_2 = m\,x_1 + t$, (t Abschnitt auf der x_2-Achse)

c) Normalenform

in vektorieller Darstellung:

$$\vec{n} \circ (\vec{x} - \vec{a}) = 0$$

$\vec{n}$ **Normalenvektor,**

$\vec{a}$ **Ortsvektor eines Punktes** A **der Geraden**

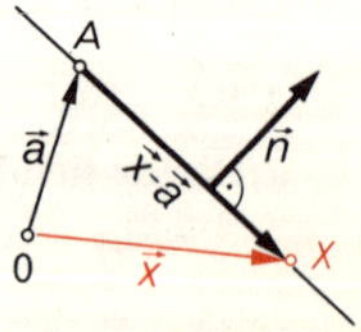

in Koordinatendarstellung:

$$n_1 x_1 + n_2 x_2 + n_0 = 0, \quad (n_1^2 + n_2^2 > 0; \quad n_1, n_2, n_0 \in \mathbb{R})$$

$\vec{n} = \begin{pmatrix} n_1 \\ n_2 \end{pmatrix}$ ist *ein* Normalenvektor der Geraden, welche die

Steigung $m = -\dfrac{n_1}{n_2}$ hat.

d) HESSEform

$\vec{n}^0 \circ (\vec{x} - \vec{a}) = 0$ **Orientierung von $\vec{n}^0$ so, daß $\operatorname{sgn}(-\vec{n}^0 \circ \vec{a}) = -1$**

$$\frac{n_1 x_1 + n_2 x_2 + n_0}{(-\operatorname{sgn} n_0) \cdot \sqrt{n_1^2 + n_2^2}} = 0 \quad (n_0 \neq 0)$$

3. Abstand des Punktes P (Ortsvektor $\vec{p}$) von der Geraden g

$$d = \vec{n}^0 \circ (\vec{p} - \vec{a})$$

$d > 0$: Ursprung und P liegen auf verschiedenen Seiten von g

$d = 0$: $P \in g$

$d < 0$: Ursprung und P liegen auf derselben Seite von g

C. Zwei Geraden

1. Identität zweier Geraden im affinen Koordinatensystem

Wenn $g: \vec{x} = \vec{a} + \sigma \vec{u}$ und $g': \vec{x} = \vec{b} + \tau \vec{v}$, so gilt

$$g \equiv g' \Leftrightarrow \vec{u}, \vec{v}, \vec{b} - \vec{a} \text{ kollinear}$$

Wenn $g: a_1 x_1 + a_2 x_2 + a_0 = 0$; $g': b_1 x_1 + b_2 x_2 + b_0 = 0$ gilt·

$$g \equiv g' \Leftrightarrow a_1 = k\, b_1 \wedge a_2 = k\, b_2 \wedge a_0 = k\, b_0$$

2. Gegenseitige Lage zweier Geraden im kartesischen Koordinatensystem

a) Schnittwinkel zweier Geraden

$\cos \hat{\varphi} = \left| \dfrac{\vec{n} \circ \vec{n}'}{n\, n'} \right|$ wobei $\vec{n} = \begin{pmatrix} n_1 \\ n_2 \end{pmatrix}$, $\vec{n}' = \begin{pmatrix} n'_1 \\ n'_2 \end{pmatrix}$ **Normalenvektoren der beiden Geraden**

$\tan \hat{\varphi} = \left| \dfrac{m' - m}{1 + m \cdot m'} \right|$, wobei m, m' die Steigungen der beiden Geraden darstellen.

b) Parallele Geraden: $m = m'$

c) Senkrechte Geraden: $m \cdot m' = -1$ $m' = -\dfrac{1}{m_1}$

3. Geradenbüschel

$$(a_1 x_1 + a_2 x_2 + a_0) + \lambda (b_1 x_1 + b_2 x_2 + b_0) = 0$$

4. Winkelhalbierende w_1 und w_2 $\quad (a_0 \neq 0, \ b_0 \neq 0)$

$$\left.\begin{aligned} g &\equiv \frac{a_1 x_1 + a_2 x_2 + a_0}{(-\operatorname{sgn} a_0)\sqrt{a_1^2 + a_2^2}} = 0 \\ g' &\equiv \frac{b_1 x_1 + b_2 x_2 + b_0}{(-\operatorname{sgn} b_0)\sqrt{b_1^2 + b_2^2}} = 0 \end{aligned}\right\} \Rightarrow w_{1,2} \equiv g \pm g' = 0$$

Kreis

A. Gleichung des Kreises um $M\,(m_1; m_2)$ mit dem Radius r

1. Vektorform: $(\vec{x} - \vec{m})^2 = r^2$
2. Koordinatenform: $(x_1 - m_1)^2 + (x_2 - m_2)^2 = r^2$
3. Parameterform: $\left\{\begin{aligned} x_1 &= m_1 + r\cos t \\ x_2 &= m_2 + r\sin t \end{aligned}\right. \quad (0 \leqq t < 2\pi)$

B. Tangente im Punkte $P\,(p_1; p_2)$ bzw. Polare zum Pol $P\,(p_1; p_2)$

1. Vektorform: $(\vec{p} - \vec{m}) \circ (\vec{x} - \vec{m}) = r^2$
2. Koordinatenform: $(p_1 - m_1)(x_1 - m_1) + (p_2 - m_2)(x_2 - m_2) = r^2$

C. Kreisbüschel

$$\left.\begin{aligned} k &\equiv (\vec{x} - \vec{m})^2 - r^2 = 0 \\ k' &\equiv (\vec{x} - \vec{m}')^2 - r'^2 = 0 \end{aligned}\right\} \Rightarrow \text{Büschel: } k + \lambda \cdot k' = 0$$

D. Potenz $K\,(P)$ des Punktes P bezüglich des Kreises k

$$K(P) = (\vec{p} - \vec{m})^2 - r^2 \qquad \begin{aligned} &K(P) > 0 \Rightarrow P \text{ außerhalb } k, \\ &K(P) = 0 \Rightarrow P \in k \\ &K(P) < 0 \Rightarrow P \text{ innerhalb } k. \end{aligned}$$

Strecke und Teilung

A. Teilverhältnis

1. Das Teilverhältnis λ definiert den Teilpunkt T auf der Strecke $[AB]$:

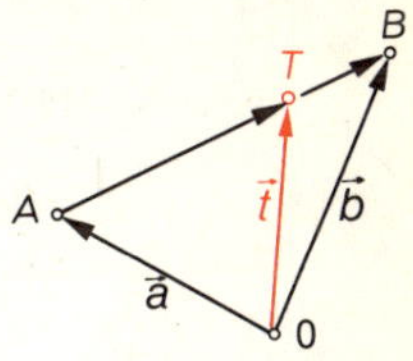

$$\overrightarrow{AT} = \lambda \cdot \overrightarrow{TB}, \quad (A \neq B, \lambda \in \mathbb{R})$$

T ist innerer Teilpunkt, wenn $\lambda > 0$;
äußerer Teilpunkt, wenn $\lambda < 0$;
Mittelpunkt, wenn $\lambda = 1$.

$$\lambda = \frac{t_1 - a_1}{b_1 - t_1} = \frac{t_2 - a_2}{b_2 - t_2} = \frac{t_3 - a_3}{b_3 - t_3}, \quad (b_i - t_i \neq 0, i = 1, 2, 3)$$

2. Ortsvektor $\vec{t}$ des Teilpunkts T

$$\vec{t} = \frac{\vec{a} + \lambda \vec{b}}{1 + \lambda}; \qquad t_i = \frac{a_i + \lambda b_i}{1 + \lambda}, \quad (i = 1, 2, 3, \lambda \neq -1)$$

3. Ortsvektor $\vec{m}$ des Mittelpunkts M

$$\vec{m} = \frac{\vec{a} + \vec{b}}{2}; \qquad m_i = \frac{a_i + b_i}{2}, \quad (i = 1, 2, 3)$$

B. Schwerpunkt eines Dreiecks

Ortsvektor $\vec{s}$ des Schwerpunkts S des Dreiecks ABC (zugehörige Ortsvektoren $\vec{a}, \vec{b}, \vec{c}$)

$$\vec{s} = \frac{\vec{a} + \vec{b} + \vec{c}}{3}; \quad s_i = \frac{a_i + b_i + c_i}{3}, \quad (i = 1, 2, 3)$$

C. Schwerpunkt eines Tetraeders

Ortsvektor $\vec{s}$ des Schwerpunkts S des Tetraeders $ABCD$ (zugehörige Ortsvektoren $\vec{a}, \vec{b}, \vec{c}, \vec{d}$)

$$\vec{s} = \frac{\vec{a} + \vec{b} + \vec{c} + \vec{d}}{4}; \quad s_i = \frac{a_i + b_i + c_i + d_i}{4}, \quad (i = 1, 2, 3)$$

D. Entfernung zweier Punkte

$$|\overrightarrow{AB}| = \sqrt{(\vec{b} - \vec{a})^2} = \sqrt{(b_1 - a_1)^2 + (b_2 - a_2)^2 + (b_3 - a_3)^2}$$

Gerade

1. Vektorielle Punkt-Richtungsform

$$\vec{x} = \vec{a} + \sigma \vec{u}$$

$(-\infty < \sigma < +\infty;\ \vec{u} \neq \vec{o})$

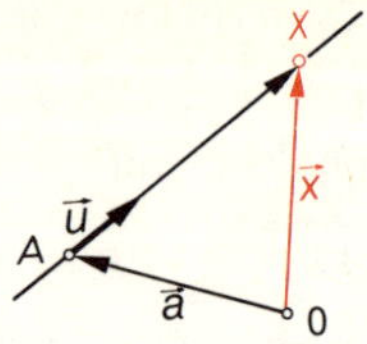

2. Vektorielle Zwei-Punkte-Form

$$\vec{x} = \vec{a} + \sigma(\vec{b} - \vec{a})$$

$(-\infty < \sigma < +\infty;\ \vec{a} \neq \vec{b})$

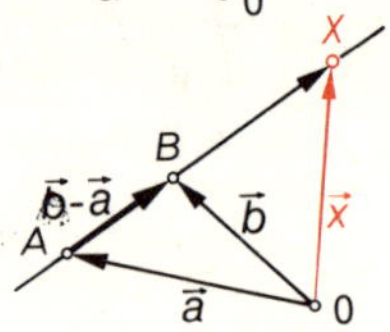

Ebene

A. Ebenengleichungen in einem affinen Koordinatensystem

1. Parameterform

a) Ebene durch A (Ortsvektor $\vec{a}$), aufgespannt von zwei linear unabhängigen Vektoren $\vec{u}$ und $\vec{v}$

$$\vec{x} = \vec{a} + \sigma \vec{u} + \tau \vec{v}$$

$(-\infty < \sigma,\ \tau < +\infty)$

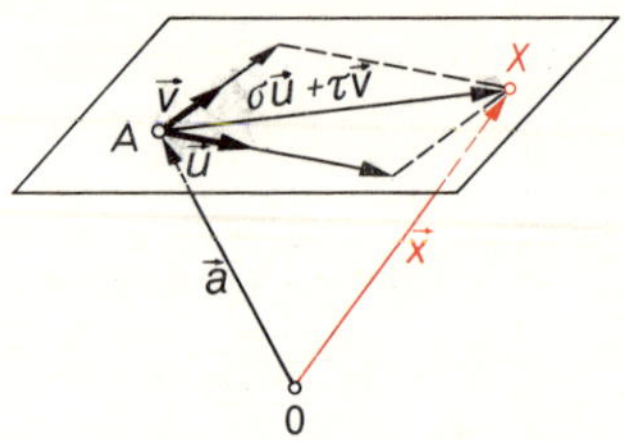

b) Ebene durch drei nichtkollineare Punkte A, B, C (zugehörige Ortsvektoren $\vec{a}$, $\vec{b}$, $\vec{c}$)

$$\vec{x} = \vec{a} + \sigma(\vec{b} - \vec{a}) + \tau(\vec{c} - \vec{a})$$

$(-\infty < \sigma,\ \tau < +\infty)$

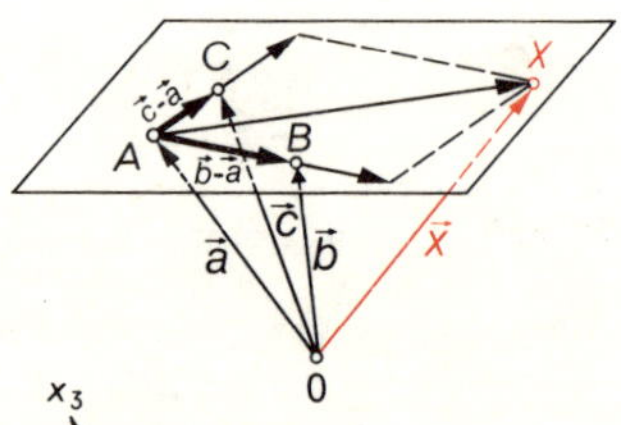

2. Achsenabschnittsform

$$\frac{x_1}{s} + \frac{x_2}{t} + \frac{x_3}{u} = 1$$

$(s \neq 0,\ t \neq 0,\ u \neq 0)$

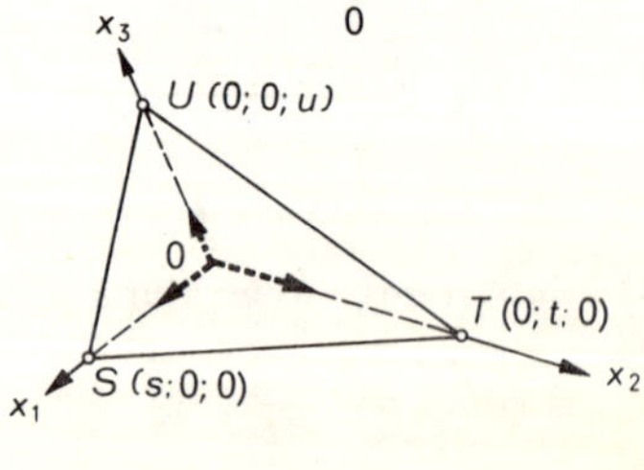

B. Ebenengleichungen in einem kartesischen Koordinatensystem

1. Normalenform

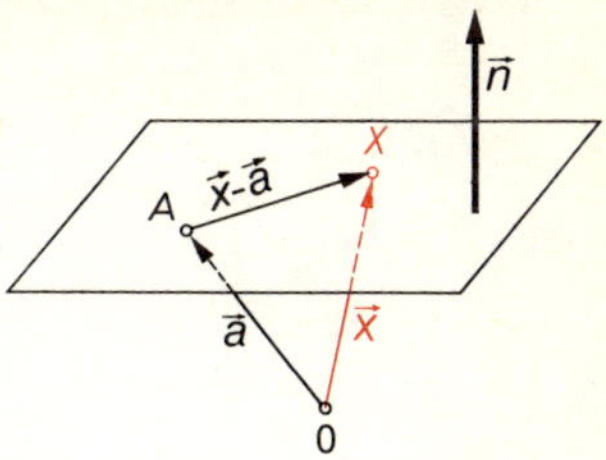

in vektorieller Darstellung:

$\vec{n} \circ (\vec{x} - \vec{a}) = 0$

$\vec{n}$ Normalenvektor, $\vec{a}$ Ortsvektor eines Punktes A der Ebene

in Koordinatendarstellung:

$n_1 x_1 + n_2 x_2 + n_3 x_3 + n_0 = 0,$
$(n_1{}^2 + n_2{}^2 + n_3{}^2 > 0, \quad n_i \in \mathbb{R})$

$\vec{n} = \begin{pmatrix} n_1 \\ n_2 \\ n_3 \end{pmatrix}$ ist *ein* Normalenvektor der Ebene

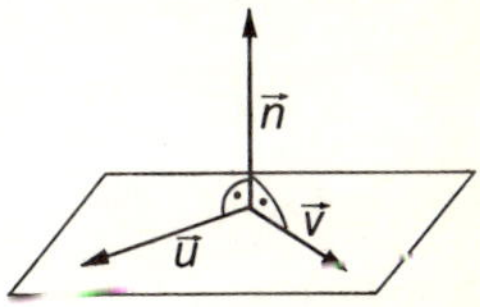

$$\left.\begin{array}{l} \vec{n} = \lambda(\vec{u} \times \vec{v}),\ \lambda \neq 0 \\ \vec{n} \circ \vec{u} = \vec{n} \circ \vec{v} = 0 \end{array}\right\}$$ (vgl. A. 1a)

2. Hesseform

$\vec{n}^0 \circ (\vec{x} - \vec{a}) = 0$ Orientierung von $\vec{n}^0$ so, daß $\operatorname{sgn}(-\vec{n}^0 \circ \vec{a}) = -1$

$$\frac{n_1 x_1 + n_2 x_2 + n_3 x_3 + n_0}{(-\operatorname{sgn} n_0) \cdot \sqrt{n_1{}^2 + n_2{}^2 + n_3{}^2}} = 0 \quad (n_0 \neq 0)$$

3. Abstand des Punktes P (Ortsvektor $\vec{p}$) von der Ebene E

$$d = \vec{n}^0 \circ (\vec{p} - \vec{a})$$

$d > 0$: Ursprung und P liegen auf verschiedenen Seiten von E

$d = 0$: $P \in E$

$d < 0$: Ursprung und P liegen auf derselben Seite von E.

C. Zwei Ebenen

1. Identität zweier Ebenen im affinen Koordinatensystem

Wenn E: $\vec{x} = \vec{a} + \sigma\vec{u} + \tau\vec{v}$ und E': $\vec{x} = \vec{a}' + \sigma'\vec{u}' + \tau'\vec{v}'$, so gilt:

$$E \equiv E' \iff \vec{u}, \vec{v}, \vec{u}', \vec{v}', \vec{a}' - \vec{a} \text{ komplanar}$$

Wenn E: $a_1 x_1 + a_2 x_2 + a_3 x_3 + a_0 = 0$ und

E': $b_1 x_1 + b_2 x_2 + b_3 x_3 + b_0 = 0$, so gilt:

$$E \equiv E' \iff a_1 = kb_1 \wedge a_2 = kb_2 \wedge a_3 = kb_3 \wedge a_0 = kb_0$$

2. Gegenseitige Lage zweier Ebenen im kartesischen Koordinatensystem

   a) Schnittwinkel zweier Ebenen

$$\cos\hat{\varphi} = \left|\frac{\vec{n}\circ\vec{n}'}{n\,n'}\right|, \text{wobei } \vec{n} = \begin{pmatrix} n_1 \\ n_2 \\ n_3 \end{pmatrix}, \vec{n}' = \begin{pmatrix} n'_1 \\ n'_2 \\ n'_3 \end{pmatrix} \quad \text{Normalenvektoren der beiden Ebenen}$$

   b) **Parallele Ebenen:** $\vec{n}, \vec{n}'$ **kollinear;** $\vec{n}\times\vec{n}' = \vec{o}$

   c) **Ebenen, senkrecht zueinander:** $\vec{n}\circ\vec{n}' = 0$

3. Ebenenbüschel

$$(a_1x_1 + a_2x_2 + a_3x_3 + a_0) + \lambda(b_1x_1 + b_2x_2 + b_3x_3 + b_0) = 0$$

4. **Winkelhalbierende Ebenen W_1 und W_2 ($a_0 \neq 0$, $b_0 \neq 0$)**

$$\left.\begin{aligned} E &\equiv \frac{a_1x_1 + a_2x_2 + a_3x_3 + a_0}{(-\operatorname{sgn} a_0)\sqrt{a_1^2 + a_2^2 + a_3^2}} = 0 \\ E' &\equiv \frac{b_1x_1 + b_2x_2 + b_3x_3 + b_0}{(-\operatorname{sgn} b_0)\sqrt{b_1^2 + b_2^2 + b_3^2}} = 0 \end{aligned}\right\} \Rightarrow W_{1,2} \equiv E \pm E' = 0$$

Kugel

A. Gleichung der Kugel um $M\,(m_1; m_2; m_3)$ mit dem Radius r

1. Vektorform: $(\vec{x} - \vec{m})^2 = r^2$
2. Koordinatenform: $(x_1 - m_1)^2 + (x_2 - m_2)^2 + (x_3 - m_3)^2 = r^2$
3. Parameterform $\begin{cases} x_1 = m_1 + r\cos u \cos v \\ x_2 = m_2 + r\cos u \sin v \\ x_3 = m_3 + r\sin u \end{cases}$ $\left(\begin{array}{c} -\frac{\pi}{2} \leqq u \leqq +\frac{\pi}{2} \\ 0 \leqq v < 2\pi \end{array}\right)$

B. Tangentialebene in $P\,(p_1; p_2; p_3)$ bzw. Polarebene zum Pol $P\,(p_1; p_2; p_3)$

1. Vektorform: $(\vec{p} - \vec{m})\circ(\vec{x} - \vec{m}) = r^2$
2. Koordinatenform:

$$(p_1 - m_1)(x_1 - m_1) + (p_2 - m_2)(x_2 - m_2) + (p_3 - m_3)(x_3 - m_3) = r^2$$

C. Kugelbüschel

$$\left.\begin{aligned} k &\equiv (\vec{x} - \vec{m})^2 - r^2 = 0 \\ k' &\equiv (\vec{x} - \vec{m}')^2 - r'^2 = 0 \end{aligned}\right\} \Rightarrow \text{Büschel: } k + \lambda k' = 0$$

D. Potenz $K(P)$ des Punktes P (Ortsvektor $\vec{p}$) bezüglich der Kugel k

$$K(P) = (\vec{p} - \vec{m})^2 - r^2 \qquad \begin{aligned} &K(P) > 0 \Rightarrow P \text{ außerhalb } k, \\ &K(P) = 0 \Rightarrow P \in k, \\ &K(P) < 0 \Rightarrow P \text{ innerhalb } k. \end{aligned}$$

Grundlagen

A. Definition der Abbildung

1. Ordnet irgendeine Vorschrift jedem Element x *(Originalelement)* einer Menge M genau ein Element x' *(Bildelement)* einer Menge M' zu, so wird dadurch eine Abbildung A definiert:

$$A\colon x \mapsto x' = A(x)$$

A heißt Abbildung der Menge M „in" die Menge M' (Fig. 1).

2. Ist A eine affine Punktabbildung und $\bar{A}$ die von A *induzierte Vektorabbildung*, so gilt:

$$A\colon \vec{x}' = \mathfrak{A}\vec{x} + \vec{t} \overset{\text{ind.}}{\Longrightarrow} \bar{A}\colon \vec{\bar{v}} = \mathfrak{A}\vec{v}$$

$$\text{wobei } \mathfrak{A} = \begin{pmatrix} a_{11} & a_{12} \\ a_{21} & a_{22} \end{pmatrix} \text{ mit } |\mathfrak{A}| \neq 0$$

in Koordinaten:

$$A\colon \begin{cases} x_1' = a_{11}x_1 + a_{12}x_2 + t_1 \\ x_2' = a_{21}x_1 + a_{22}x_2 + t_2 \end{cases} \overset{\text{ind.}}{\Longrightarrow} \bar{A}\colon \begin{cases} \bar{v}_1 = a_{11}v_1 + a_{12}v_2 \\ \bar{v}_2 = a_{21}v_1 + a_{22}v_2 \end{cases}$$

$$\text{wobei } \begin{vmatrix} a_{11} & a_{12} \\ a_{21} & a_{22} \end{vmatrix} \neq 0$$

B. Eigenschaften

1. A heißt *surjektiv* (Abbildung „auf" M'), wenn jedes Element von M' als Bild auftritt (Fig. 2).
2. A heißt *injektiv* (Abbildung „eineindeutig in" M'), wenn zu jedem Bildelement genau ein Originalelement gehört (Fig. 3).
3. A heißt *bijektiv* (Abbildung „eineindeutig auf" M'), wenn A sowohl surjektiv als auch injektiv ist (Fig. 4).
4. A heißt *involutorisch*, wenn $A(A(x)) = x$ ist.
5. $\bar{A}$ heißt *linear*, wenn $\bar{A}(\vec{x}+\vec{y}) = \bar{A}(\vec{x}) + \bar{A}(\vec{y})$ und $\bar{A}(\lambda\vec{x}) = \lambda \cdot \bar{A}(\vec{x})$.

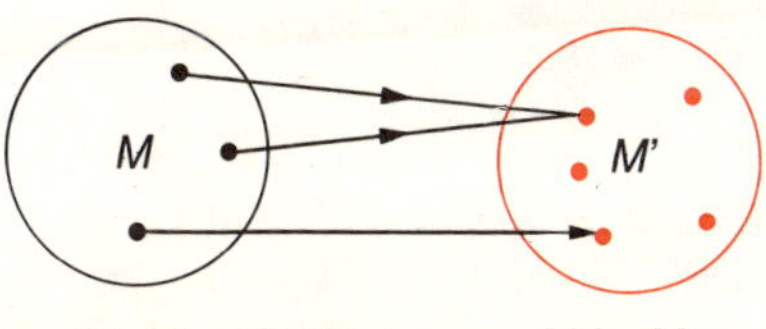

Fig. 1: Abbildung von M in M'

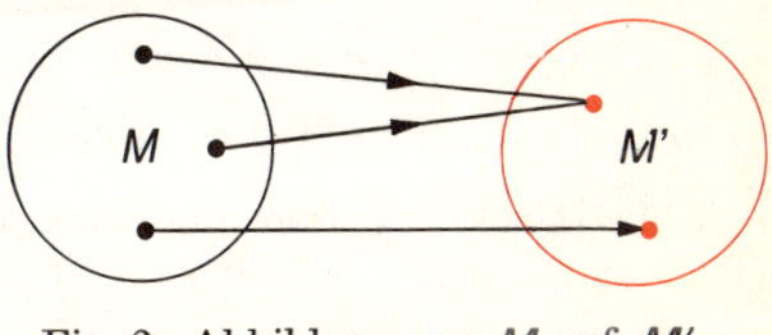

Fig. 2: Abbildung von M auf M' (surjektiv)

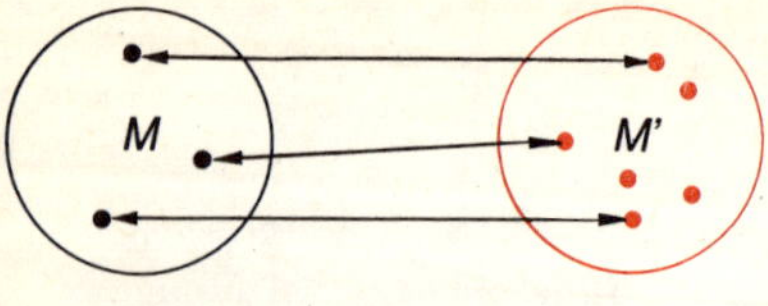

Fig. 3: Abbildung von M eineindeutig in M' (injektiv)

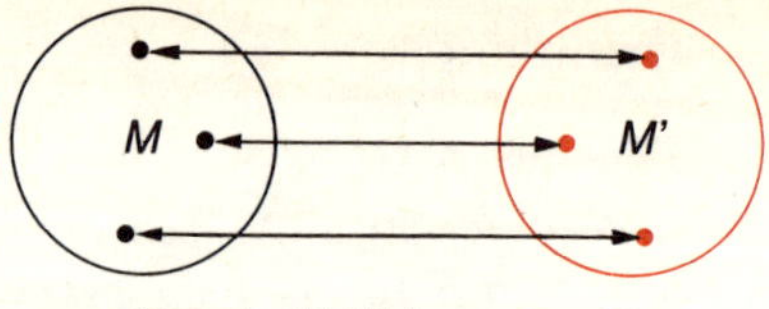

Fig. 4: Abbildung von M eineindeutig auf M' (bijektiv)

C. Operationen

1. Umkehrung einer bijektiven Abbildung A

   A^{-1} heißt *Umkehrabbildung* (inverse Abbildung) von A, wenn gilt:

   $$A^{-1}\left(A\,(x)\right) = x.$$

2. Zusammensetzung zweier Abbildungen

   Ist A eine Abbildung der Menge M in M', B eine Abbildung der Bildmenge M' in M'', so ist die *Produktabbildung* $C = B \circ A$ definiert durch

   $$C\,(x) = B\left(A\,(x)\right).$$

D. Fixelemente

1. F heißt *Fixpunkt* der Abbildung A, wenn $A\,(F) = F$ ist.
2. f heißt *Fixgerade* der Abbildung A, wenn $A\,(f) = f$ ist.
3. f heißt *Fixpunktgerade* der Abbildung A, wenn jeder ihrer Punkte Fixpunkt ist.

Man erhält die Fixpunkte einer Abbildung, indem man die Ortsvektoren von Original- und Bildpunkt gleichsetzt.

E. Eigenvektoren

1. Als Eigenvektor bezeichnet man jeden von $\vec{o}$ verschiedenen Vektor $\vec{v}$, der auf einen zu $\vec{v}$ kollinearen Vektor $\vec{v}\,'$ abgebildet wird. Für einen Eigenvektor $\vec{v}$ gilt daher:

   $$\vec{v}\,' = \lambda \vec{v} \text{ mit } \vec{v} \neq \vec{o},\ \lambda \neq 0 \ (\lambda \in \mathbb{R})$$

   Ist $\lambda = 1$, so heißt $\vec{v}$ *Fixvektor*.

   Alle Eigenvektoren einer Vektorabbildung $\vec{v}\,' = \mathfrak{A}\vec{v}$ erfüllen die Gleichung $\lambda\vec{v} = \mathfrak{A}\vec{v}$ oder $(\mathfrak{A} - \lambda\,\mathfrak{E})\,\vec{v} = \vec{o}$.

   In Koordinaten: $$\begin{cases} (a_{11} - \lambda)\,v_1 + a_{12}\,v_2 = 0 \\ a_{21}\,v_1 + (a_{22} - \lambda)\,v_2 = 0 \end{cases}$$

Eigenvektoren existieren daher genau dann, wenn die *charakteristische Gleichung* der Matrix $\mathfrak{A}$

$|\mathfrak{A} - \lambda\mathfrak{E}| = 0$ oder $\lambda^2 - \lambda(a_{11} + a_{22}) + (a_{11}a_{22} - a_{12}a_{21}) = 0$

reelle Lösungen (*Eigenwerte*) besitzt.

2. a) Die Richtungen der Eigenvektoren sind die invarianten Richtungen der Affinität.

   b) Längenmaßzahlen von Strecken in einer invarianten Richtung, die durch einen zum Eigenwert λ gehörenden Eigenvektor bestimmt sind, multiplizieren sich mit dem Faktor $|\lambda|$.

3. Anwendung zur Bestimmung von Fixgeraden

   Eine Gerade durch einen Punkt P (mit Bildpunkt P') ist genau dann Fixgerade, wenn sie dieselbe Richtung wie ein Eigenvektor $\vec{v}$ hat und $\overrightarrow{PP'} = \mu\vec{v}$ mit $\mu \in \mathbb{R}$ gilt. Insbesondere folgt:

   a) **Eine Gerade durch einen Fixpunkt in Richtung eines Eigenvektors $\vec{v}$ ist Fixgerade.**

   b) **Eine Gerade durch einen Fixpunkt in Richtung eines Eigenvektors $\vec{v}$ zum Eigenwert $\lambda = 1$ ist Fixpunktgerade.**

Affine Abbildungen

A. Allgemeine Affinität

1. Definition

   Eine Abbildung A heißt affine Abbildung oder Affinität, wenn sie folgenden Bedingungen genügt:

   (1) A ist eine bijektive Abbildung.

   (2) A ist geradentreu.

   (3) Das Teilverhältnis ist invariant.

2. Gleichungen

   a) Vektorform

   $\vec{x}' = x_1\vec{a}_1 + x_2\vec{a}_2 + \vec{t}$, wobei $\vec{a}_1 = \begin{pmatrix} a_{11} \\ a_{21} \end{pmatrix}, \vec{a}_2 = \begin{pmatrix} a_{12} \\ a_{22} \end{pmatrix}$ **linear unabhängig**

   b) Koordinatenform

   $\begin{cases} x_1' = a_{11}x_1 + a_{12}x_2 + t_1 \\ x_2' = a_{21}x_1 + a_{22}x_2 + t_2 \end{cases}$ wobei $D = \begin{vmatrix} a_{11} & a_{12} \\ a_{21} & a_{22} \end{vmatrix} \neq 0$ ist.

   c) Matrixform

   $\vec{x}' = \mathfrak{A}\vec{x} + \vec{t}$, wobei $\mathfrak{A} = \begin{pmatrix} a_{11} & a_{12} \\ a_{21} & a_{22} \end{pmatrix}$ und $|\mathfrak{A}| = D \neq 0$ ist.

3. Eigenschaften

a) Eine Affinität ist eindeutig festgelegt, wenn einem beliebigen nichtentarteten Dreieck PQR ein beliebiges nichtentartetes Dreieck $P'Q'R'$ zugeordnet wird.

b) Die Bildgeraden paralleler Geraden sind parallel.

c) Das Verhältnis der Flächeninhalte von Bildfigur und Originalfigur ist $|\mathfrak{A}|$.

d) $|\mathfrak{A}| > 0$: gleichsinnige Affinität,
$|\mathfrak{A}| < 0$: gegensinnige Affinität.

e) Kegelschnitte werden auf Kegelschnitte des gleichen Typs abgebildet.

B. Besondere Affinitäten

1. Perspektive Affinität

Kennzeichen: Es gibt mindestens eine Fixpunktgerade. Sie heißt Affinitätsachse.

a) Achsenaffinität (auch Schrägaffinität)

Die Projektionsstrahlen (Verbindungsgeraden entsprechender Punkte) sind parallel und schneiden die Affinitätsachse.

Mit der x_1-Achse als Affinitätsachse und beliebiger x_2-Achse ist mit $a_{22} \neq 0$ die

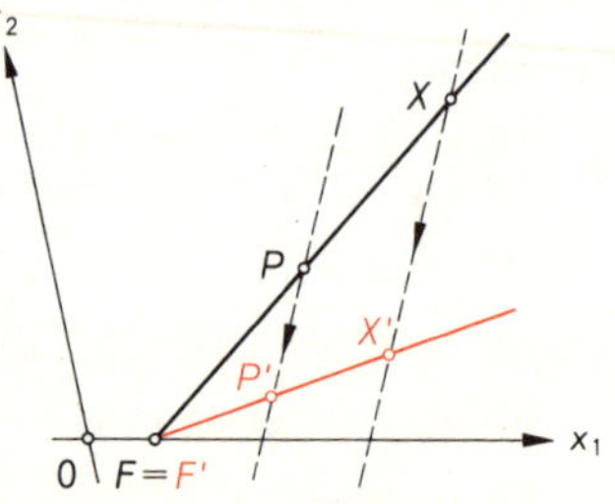

Vektorform:

$$\vec{x}' = x_1 \begin{pmatrix} 1 \\ 0 \end{pmatrix} + x_2 \begin{pmatrix} a_{12} \\ a_{22} \end{pmatrix}$$

Koordinatenform:

$$\left\{ \begin{array}{l} x'_1 = x_1 + a_{12}\, x_2 \\ x'_2 = a_{22}\, x_2 \end{array} \right.$$

Matrixform:

$$\vec{x}' = \begin{pmatrix} 1 & a_{12} \\ 0 & a_{22} \end{pmatrix} \vec{x}$$

speziell: $a_{12} = 0$: Die Projektionsstrahlen sind parallel zur x_2-Achse.

$a_{22} = -1$: *Schrägspiegelung* an der x_1-Achse.

b) Scherung

Die Projektionsstrahlen sind parallel zur Affinitätsachse.

Mit der x_1-Achse als Affinitätsachse und beliebiger x_2-Achse ist mit $a_{12} \neq 0$ die

Vektorform:

$$\vec{x}' = x_1 \begin{pmatrix} 1 \\ 0 \end{pmatrix} + x_2 \begin{pmatrix} a_{12} \\ 1 \end{pmatrix}$$

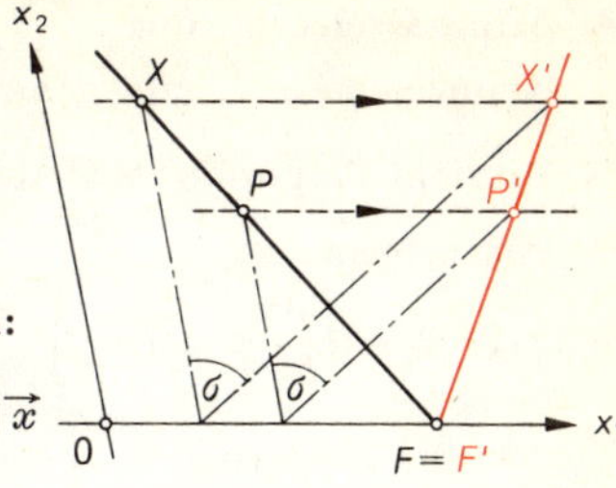

Koordinatenform: Matrixform:

$$\begin{cases} x_1' = x_1 + a_{12} x_2 \\ x_2' = x_2 \end{cases} \qquad \vec{x}' = \begin{pmatrix} 1 & a_{12} \\ 0 & 1 \end{pmatrix} \vec{x}$$

Scherwinkel σ im kartesischen System: $\tan \sigma = a_{12}$.

2. EULERsche Affinität

Kennzeichen: Es gibt mindestens zwei sich schneidende Fixgeraden. Mit den Fixgeraden als Koordinatenachsen ist mit $\lambda_1 \lambda_2 \neq 0$ die

Vektorform:

$$\vec{x}' = x_1 \begin{pmatrix} \lambda_1 \\ 0 \end{pmatrix} + x_2 \begin{pmatrix} 0 \\ \lambda_2 \end{pmatrix}$$

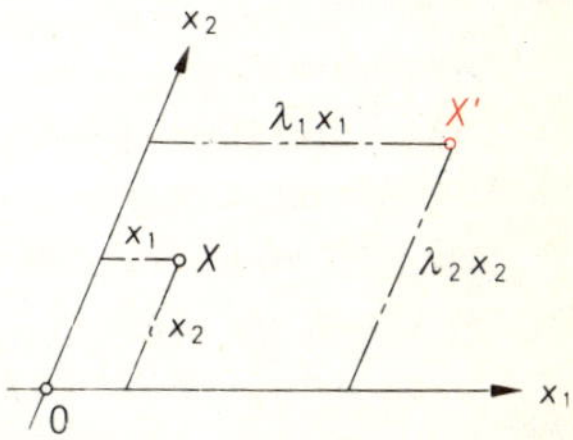

Koordinatenform: Matrixform:

$$\begin{cases} x_1' = \lambda_1 x_1 \\ x_2' = \lambda_2 x_2 \end{cases} \qquad \vec{x}' = \begin{pmatrix} \lambda_1 & 0 \\ 0 & \lambda_2 \end{pmatrix} \vec{x}$$

Es gibt mindestens 2 linear unabhängige Eigenvektoren $\vec{c}_1$, $\vec{c}_2$. Ist $\vec{c}_1 \circ \vec{c}_2 = 0$, so liegt eine *orthogonale* EULERsche Affinität vor.

3. Zentrische Streckung

Kennzeichen: Es gibt mehr als zwei Fixgeraden durch einen Punkt.

Mit dem Fixpunkt als Ursprung und $\lambda \neq 0$ ist die

Vektorform:

$$\vec{x}' = x_1 \begin{pmatrix} \lambda \\ 0 \end{pmatrix} + x_2 \begin{pmatrix} 0 \\ \lambda \end{pmatrix}$$

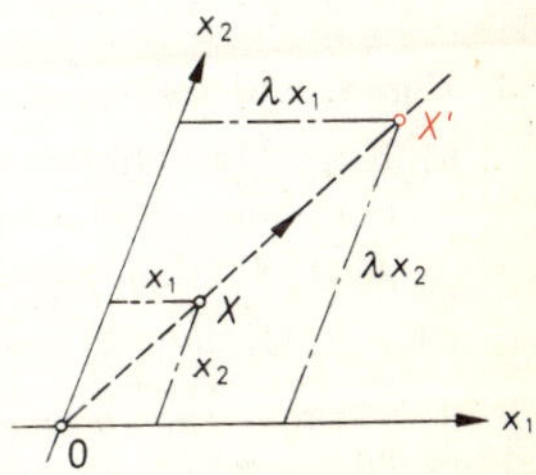

Koordinatenform: Matrixform:

$$\begin{cases} x_1' = \lambda x_1 \\ x_2' = \lambda x_2 \end{cases} \qquad \vec{x}' = \begin{pmatrix} \lambda & 0 \\ 0 & \lambda \end{pmatrix} \vec{x}$$

Jeder Vektor ist Eigenvektor.

4. Affine Drehstreckung

Kennzeichen: Es gibt genau einen Fixpunkt; keine Fixgerade.

Mit dem Fixpunkt als Ursprung ist die

Vektorform:

$$\vec{x}' = x_1 \begin{pmatrix} a \\ b \end{pmatrix} + x_2 \begin{pmatrix} -b \\ a \end{pmatrix}$$

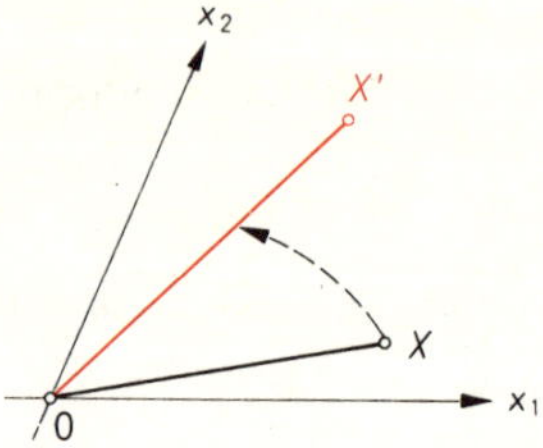

Koordinatenform:

$$\begin{cases} x_1' = a\,x_1 - b\,x_2 \\ x_2' = b\,x_1 + a\,x_2 \end{cases}$$

Matrixform:

$$\vec{x}' = \begin{pmatrix} a & -b \\ b & a \end{pmatrix} \vec{x}$$

Es gibt keinen Eigenvektor.

Ähnlichkeitsabbildungen

A. Allgemeine Ähnlichkeitsabbildung

1. Definition

Eine Abbildung A heißt Ähnlichkeitsabbildung, wenn sie folgenden Bedingungen genügt:

(1) A ist eine affine Abbildung,

(2) Das Verhältnis der Längen von Bildstrecke zu Originalstrecke ist eine Konstante $k > 0$. Sie heißt Ähnlichkeitsverhältnis.

2. Allgemeine Form der Gleichungen im kartesischen System

a) Vektorform: $$\vec{x}' = x_1 \begin{pmatrix} k\cos\varphi \\ k\sin\varphi \end{pmatrix} + x_2 \begin{pmatrix} \mp k\sin\varphi \\ \pm k\cos\varphi \end{pmatrix} + \vec{t}$$

b) Koordinatenform: $$\begin{cases} x_1' = (k\cos\varphi)\,x_1 \mp (k\sin\varphi)\,x_2 + t_1 \\ x_2' = (k\sin\varphi)\,x_1 \pm (k\cos\varphi)\,x_2 + t_2 \end{cases}$$

c) Matrixform: $$\vec{x}' = \begin{pmatrix} k\cos\varphi & \mp k\sin\varphi \\ k\sin\varphi & \pm k\cos\varphi \end{pmatrix} \vec{x} + \vec{t}$$

3. Eigenschaften

a) Eine Ähnlichkeitsabbildung ist eindeutig festgelegt, wenn einem beliebigen nichtentarteten Dreieck PQR ein ähnliches Dreieck $P'Q'R'$ zugeordnet wird.

b) Die Ähnlichkeitsabbildung ist winkeltreu.

c) $|\mathfrak{A}| = k^2$: gleichsinnige Ähnlichkeitsabbildung,
$|\mathfrak{A}| = -k^2$: gegensinnige Ähnlichkeitsabbildung.

B. Typen von Ähnlichkeitsabbildungen

1. Drehstreckung

Kennzeichen: Es gibt genau einen Fixpunkt; keine Fixgerade.

Vektorform:

$$\vec{x}\,' = x_1\begin{pmatrix} k\cos\varphi \\ k\sin\varphi \end{pmatrix} + x_2\begin{pmatrix} -k\sin\varphi \\ k\cos\varphi \end{pmatrix} + \vec{t}$$

Koordinatenform:

$$\begin{cases} x_1' = (k\cos\varphi)\,x_1 - (k\sin\varphi)\,x_2 + t_1 \\ x_2' = (k\sin\varphi)\,x_1 + (k\cos\varphi)\,x_2 + t_2 \end{cases}$$

Matrixform:

$$\vec{x}\,' = \begin{pmatrix} k\cos\varphi & -k\sin\varphi \\ k\sin\varphi & k\cos\varphi \end{pmatrix}\vec{x} + \vec{t}$$

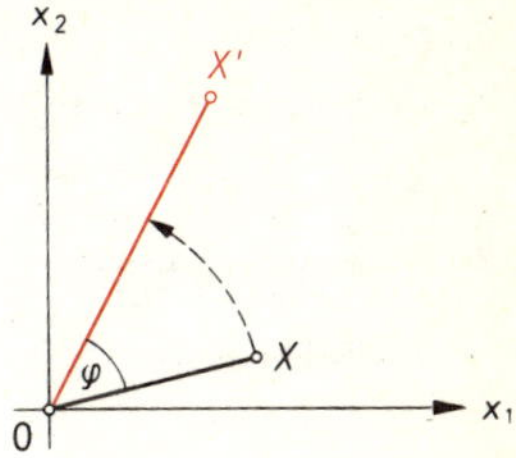

Drehstreckung mit Fixpunkt O
$(\vec{t} = \vec{o})$

Für $\varphi = 0$ oder $\varphi = \pi$ ergibt sich als Sonderfall die *zentrische Streckung* mit Z (Ortsvektor $\vec{z}$) als Zentrum:

$$\vec{x}\,' = \pm k\vec{x} + (1 \mp k)\,\vec{z}$$

$$\begin{cases} x_1' = \pm k\,x_1 + (1 \mp k)\,z_1 \\ x_2' = \pm k\,x_2 + (1 \mp k)\,z_2 \end{cases}$$

2. Klapp-(Spiegel-)Streckung

Kennzeichen: Es gibt genau zwei zueinander senkrechte Fixgeraden. Ihr Schnittpunkt ist Fixpunkt.

Vektorform:

$$\vec{x}\,' = x_1\begin{pmatrix} k\cos\varphi \\ k\sin\varphi \end{pmatrix} + x_2\begin{pmatrix} k\sin\varphi \\ -k\cos\varphi \end{pmatrix} + \vec{t}$$

Koordinatenform:

$$\begin{cases} x_1' = (k\cos\varphi)\,x_1 + (k\sin\varphi)\,x_2 + t_1 \\ x_2' = (k\sin\varphi)\,x_1 - (k\cos\varphi)\,x_2 + t_2 \end{cases}$$

Matrixform:

$$\vec{x}\,' = \begin{pmatrix} k\cos\varphi & k\sin\varphi \\ k\sin\varphi & -k\cos\varphi \end{pmatrix}\vec{x} + \vec{t}$$

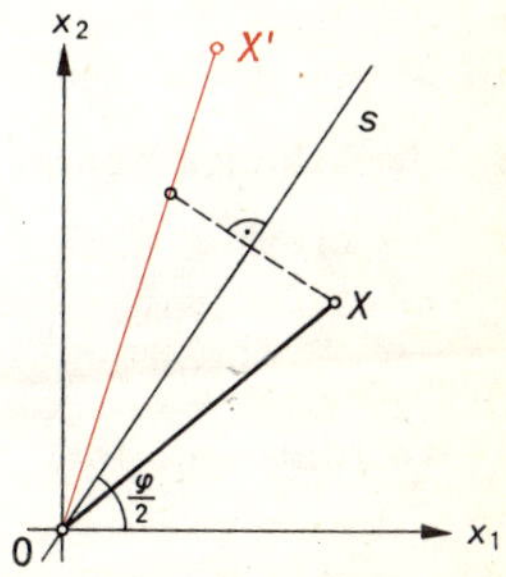

Klappstreckung mit Fixpunkt O
$(\vec{t} = \vec{o})$

Kongruenzabbildungen

A. Allgemeine Kongruenzabbildung

1. Definition

Eine Abbildung A heißt Kongruenzabbildung, wenn sie folgenden Bedingungen genügt:

(1) A ist eine affine Abbildung. (2) Die Abbildung ist längentreu.

2. Allgemeine Form der Gleichungen im kartesischen System

a) Vektorform: $$\vec{x}' = x_1 \begin{pmatrix} \cos\varphi \\ \sin\varphi \end{pmatrix} + x_2 \begin{pmatrix} \mp \sin\varphi \\ \pm \cos\varphi \end{pmatrix} + \vec{t}$$

b) Koordinatenform: $$\begin{cases} x_1' = (\cos\varphi)\, x_1 \mp (\sin\varphi)\, x_2 + t_1 \\ x_2' = (\sin\varphi)\, x_1 \pm (\cos\varphi)\, x_2 + t_2 \end{cases}$$

c) Matrixform: $$\vec{x}' = \mathfrak{A}\vec{x} + \vec{t}$$

wobei $\mathfrak{A} = \begin{pmatrix} \cos\varphi & \mp\sin\varphi \\ \sin\varphi & \pm\cos\varphi \end{pmatrix}$ Orthogonalmatrix.

3. Eigenschaften

a) Eine Kongruenzabbildung ist eindeutig festgelegt, wenn einem beliebigen nichtentarteten Dreieck PQR ein kongruentes Dreieck $P'Q'R'$ zugeordnet wird.

b) Die Kongruenzabbildung ist winkel- und flächentreu.

c) $|\mathfrak{A}| = 1$: gleichsinnige Kongruenzabbildung,
$|\mathfrak{A}| = -1$: gegensinnige Kongruenzabbildung.

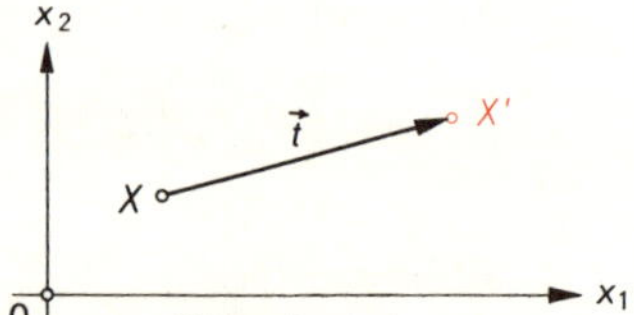

Translation

B. Typen von Kongruenzabbildungen

1. Gleichsinnige Kongruenzabbildung

Vektorform:

$$\vec{x}' = x_1 \begin{pmatrix} \cos\varphi \\ \sin\varphi \end{pmatrix} + x_2 \begin{pmatrix} -\sin\varphi \\ \cos\varphi \end{pmatrix} + \vec{t}$$

Koordinatenform:

$$\begin{cases} x_1' = (\cos\varphi)\, x_1 - (\sin\varphi)\, x_2 + t_1 \\ x_2' = (\sin\varphi)\, x_1 + (\cos\varphi)\, x_2 + t_2 \end{cases}$$

Matrixform:

$$\vec{x}' = \begin{pmatrix} \cos\varphi & -\sin\varphi \\ \sin\varphi & \cos\varphi \end{pmatrix} \vec{x} + \vec{t}$$

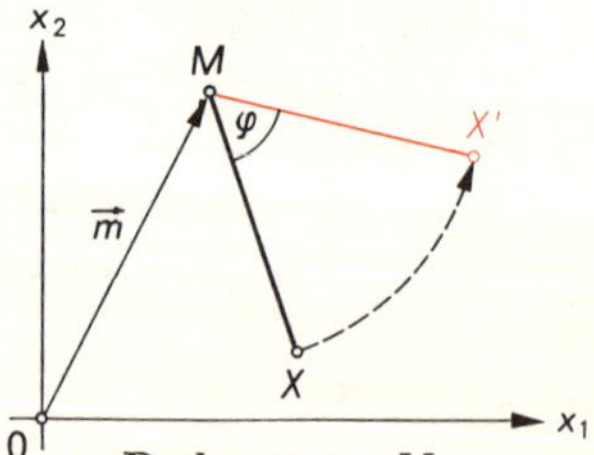

Drehung um M

a) Translation $(\varphi = 0, \vec{t} \neq \vec{o})$

$$\begin{cases} x'_1 = x_1 + t_1 \\ x'_2 = x_2 + t_2 \end{cases} \Rightarrow \vec{x}' = \vec{x} + \vec{t}$$

b) Drehung um den Punkt M (Ortsvektor $\vec{m}$) mit Winkel $\varphi \neq 0$

$$\begin{cases} x'_1 = (\cos\varphi)\, x_1 - (\sin\varphi)\, x_2 - (\cos\varphi)\, m_1 + (\sin\varphi)\, m_2 + m_1 \\ x'_2 = (\sin\varphi)\, x_1 + (\cos\varphi)\, x_2 - (\sin\varphi)\, m_1 - (\cos\varphi)\, m_2 + m_2 \end{cases}$$

bzw.

$$\vec{x}' = \begin{pmatrix} \cos\varphi & -\sin\varphi \\ \sin\varphi & \cos\varphi \end{pmatrix} \vec{x} - \begin{pmatrix} \cos\varphi & -\sin\varphi \\ \sin\varphi & \cos\varphi \end{pmatrix} \vec{m} + \vec{m}$$

2. Gegensinnige Kongruenzabbildung

a) Achsenspiegelung mit Spiegelachse durch O $(\vec{t} = \vec{o})$

$$\begin{cases} x'_1 = (\cos\varphi)\, x_1 + (\sin\varphi)\, x_2 \\ x'_2 = (\sin\varphi)\, x_1 - (\cos\varphi)\, x_2 \end{cases}$$

bzw.

$$\vec{x}' = \begin{pmatrix} \cos\varphi & \sin\varphi \\ \sin\varphi & -\cos\varphi \end{pmatrix} \vec{x}$$

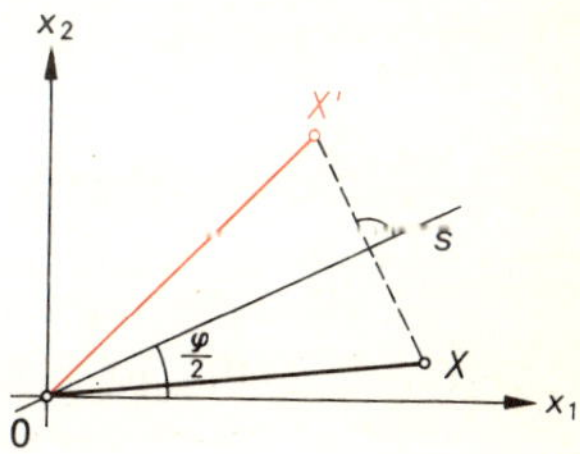

Die Spiegelachse hat die Steigung $\tan\frac{\varphi}{2}$.

b) Gleit-(Schub-)Spiegelung $(\vec{t} \neq \vec{o})$

Zerlegt man $\vec{t}$ in zwei Komponenten $\vec{t}_P$ und $\vec{t}_S$ parallel und senkrecht zur Spiegelachse, so stellt

$$\begin{cases} x'_1 = (\cos\varphi)\, x_1 + (\sin\varphi)\, x_2 + t_1 \\ x'_2 = (\sin\varphi)\, x_1 - (\cos\varphi)\, x_2 + t_2 \end{cases}$$

bzw.

$$\vec{x}' = \begin{pmatrix} \cos\varphi & \sin\varphi \\ \sin\varphi & -\cos\varphi \end{pmatrix} \vec{x} + \vec{t}$$

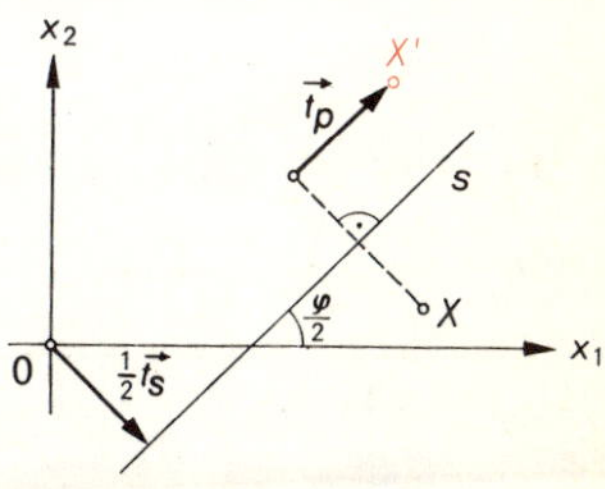

eine Gleit - (Schub-) Spiegelung dar mit $\vec{t}_P$ als Schubvektor und einer Spiegelachse, die gegenüber dem Fall a) um $\frac{1}{2}\vec{t}_S$ verschoben ist.

c) Achsenspiegelung bei vorgegebener Spiegelachse

$$\vec{x}' = \vec{x} - 2\,(\vec{n}^0 \circ \vec{x} - d)\, \vec{n}^0$$

wobei $\vec{n}^0 \circ \vec{x} - d = 0$ die Gleichung der Spiegelachse in der HESSEform darstellt.

Kollineare Abbildungen

1. Definition

Eine Abbildung A heißt *kollinear* oder *projektiv*, wenn sie folgenden Bedingungen genügt:

(1) A ist eine bijektive Abbildung der projektiven Ebene.

(2) A ist geradentreu.

2. Gleichungen

$$x_1' = \frac{a_{11}x_1 + a_{12}x_2 + a_{10}}{a_{01}x_1 + a_{02}x_2 + a_{00}} \qquad x_2' = \frac{a_{21}x_1 + a_{22}x_2 + a_{20}}{a_{01}x_1 + a_{02}x_2 + a_{00}} \quad \text{mit} \quad \begin{vmatrix} a_{11} & a_{12} & a_{10} \\ a_{21} & a_{22} & a_{20} \\ a_{01} & a_{02} & a_{00} \end{vmatrix} \neq 0$$

3. Eigenschaften

a) Das Doppelverhältnis ist invariant.

b) Kegelschnitte werden auf Kegelschnitte abgebildet.

c) Die Menge aller Originalpunkte, deren Bilder im Unendlichen liegen, stellt eine Gerade dar; sie heißt *Verschwindungsgerade v*. Ihr Bild ist die uneigentliche Gerade.

$$v:\ a_{01}x_1 + a_{02}x_2 + a_{00} = 0$$

d) Die Menge aller Bildpunkte, deren Originale im Unendlichen liegen, stellt eine Gerade dar; sie heißt *Fluchtgerade f'*. Man erhält ihre Gleichung, indem man den Nenner der Gleichungen der Umkehrabbildung Null setzt. Sie ist das Bild der uneigentlichen Geraden.

Invarianten

	Kollineare Abbildungen	Affine Abbildungen	Ähnlichkeitsabbildungen	Kongruenzabbildungen
Längenmaßzahl				
Flächenmaßzahl				
Winkelmaßzahl				
Parallelität				
Teilverhältnis		INVARIANTEN		
Flächenverhältnis				
Doppelverhältnis				

Ein Axiomensystem der affinen Inzidenzebene

P sei eine nichtleere Menge, deren Elemente Punkte genannt werden, G sei eine nichtleere Menge, deren Elemente Geraden genannt werden, $P \cap G = \{\,\}$. Auf $P \times G$ sei eine Inzidenzrelation $J \subset P \times G$ definiert.

I. Inzidenzaxiom

Zu zwei verschiedenen Punkten gibt es stets genau eine Gerade, die mit beiden Punkten inzidiert.

II. Parallelenaxiom

Zu jeder Geraden gibt es durch jeden vorgegebenen Punkt genau eine Parallele.

III. Reichhaltigkeitsaxiom

Es gibt mindestens drei verschiedene Punkte, die nicht mit ein und derselben Geraden inzidieren.

Definitionen und Sätze

A. Definitionen

1. Die Ordnung einer affinen Inzidenzebene ist gleich der Anzahl der Punkte, die mit einer Geraden inzidieren.
2. Eine inzidenzerhaltende bijektive Abbildung der Mengen P bzw. G je auf sich heißt Kollineation der affinen Inzidenzebene.
3. Eine Kollineation, bei der Originalgerade und Bildgerade immer parallel sind, heißt auch Dilatation.
   Die Menge der Dilatationen zerfällt in die Menge der echten Translationen, die Menge der echten zentrischen Streckungen und die identische Abbildung (Identität).

B. Sätze $(n \in \mathbb{N} \setminus \{1\})$

1. Eine affine Inzidenzebene der Ordnung n enthält genau n^2 Punkte und $n^2 + n$ Geraden.
2. In einer affinen Inzidenzebene der Ordnung n inzidieren mit jeder Geraden genau n Punkte.
3. In einer affinen Inzidenzebene der Ordnung n inzidieren mit jedem Punkt genau $n + 1$ Geraden.

Definitionen und Sätze

A. Definition (siehe auch S. 9)

In einem distributiven und komplementären Verband V mit den Verknüpfungen $\cdot$ und $+$, mit den neutralen Elementen 1 und 0, mit $\bar{a} \in V$ als komplementärem Element von $a \in V$, gelten folgende Axiome (statt $a \cdot b$ wird kurz ab geschrieben): Für $a, b, c \in V$ gilt:

(1) Kommutativität	$ab = ba$	$a + b = b + a$
(2) Assoziativität	$(ab)c = a(bc)$	$(a + b) + c = a + (b + c)$
(3) Absorption	$a(a + b) = a$	$a + ab = a$
(4) Distributivität	$a(b + c) = ab + ac$	$a + bc = (a + b)(a + c)$
(5) Neutrale Elemente	$a \cdot 1 = a$	$a + 0 = a$
(6) Komplementäre Elemente	$a\bar{a} = 0$	$a + \bar{a} = 1$

B. Gesetze

Doppeltes Komplement	$\overline{(\bar{a})} = a$	
Idempotenzgesetze	$aa = a$	$a + a = a$
DE MORGAN-Gesetze	$\overline{ab} = \bar{a} + \bar{b}$	$\overline{a + b} = \bar{a}\,\bar{b}$
Dominanzgesetze	$a \cdot 0 = 0$	$a + 1 = 1$
0- und 1-Komplemente	$\bar{0} = 1$	$\bar{1} = 0$

Dualitätsprinzip: Vertauscht man in einem Gesetz der BOOLEschen Algebra die Verknüpfungen $\cdot$ und $+$ sowie gleichzeitig 0 und 1 miteinander, so ergibt sich wieder ein Gesetz der BOOLEschen Algebra.

C. Sätze

Satz von STONE:
Jeder BOOLEsche Verband $(V, \cdot, +, ^-)$ mit endlich vielen Elementen ist isomorph einem Mengenverband $(P(E), \cap, \cup, ^-)$.
Die Anzahl der Elemente eines endlichen BOOLEschen Verbands ist 2^n mit $n \in \mathbb{N}$.

D. Verknüpfungstafeln des vierelementigen BOOLEschen Verbands mit der Trägermenge $V = \{0, p, q, 1\}$

$\cdot$	0	p	q	1
0	0	0	0	0
p	0	p	0	p
q	0	0	q	q
1	0	p	q	1

$+$	0	p	q	1
0	0	p	q	1
p	p	p	1	1
q	q	1	q	1
1	1	1	1	1

BOOLEsche Funktionen

A. Allgemeine BOOLEsche Funktionen

Definitionen

1. Als BOOLEschen *Term* über der Trägermenge V eines BOOLEschen Verbandes $(V, \cdot, +, ^{-})$ bezeichnet man jedes Elementzeichen aus V, jede Variable über V sowie jede sinnvolle, aus den Verknüpfungen $\cdot$ und $+$ und der Komplementbildung gewonnene Zusammenstellung von endlich vielen solcher Elementzeichen und Variablen.

2. Eine BOOLEsche *Funktion* wird definiert durch einen BOOLEschen Term $f(x_1, \ldots x_n)$, $n \in \mathbb{N}$, mit einer oder mehreren Variablen x_i $(i = 1, \ldots n)$, die Elemente der Trägermenge V des BOOLEschen Verbands $(V, \cdot, +, ^{-})$ sind:

   $f\colon (x_1, x_2, \ldots x_n) \mapsto f(x_1, x_2, \ldots x_n)$

   mit der Definitionsmenge $D = V^n$
   und der Wertemenge $W \subset V$

3. Eine *Vollkonjunktion* (*Minterm*) in n Variablen ist ein Produkt der Form $f_1(x_1)\, f_2(x_2) \ldots f_n(x_n)$ wobei $f_i(x_i) \in \{x_i, \overline{x}_i\}$, $i = 1, \ldots n$.

4. Eine *Volldisjunktion* (*Maxterm*) in n Variablen ist eine Summe der Form $f_1(x_1) + f_2(x_2) + \ldots + f_n(x_n)$ wobei $f_i(x_i) \in \{x_i, \overline{x}_i\}$, $i = 1, \ldots n$.

B. Binäre BOOLEsche Funktionen

1. Definition: Eine *binäre* Funktion ist eine BOOLEsche Funktion über der Trägermenge $V = \{0, 1\}$.

   $f: (x_1, x_2, \ldots x_n) \mapsto f(x_1, x_2, \ldots x_n)$

   mit der Definitionsmenge $D = \{0, 1\}^n$

   und der Wertemenge $W \subset \{0, 1\}$

   Satz: Es gibt 2^{2^n} verschiedene binäre Funktionen von n Variablen.

2. Disjunktive Normalform

   Definition: Eine binäre Funktion von n Variablen, die wenigstens einem geordneten n-Tupel die 1 zuordnet, liegt in *disjunktiver* Normalform vor, wenn ihr Funktionsterm eine Vollkonjunktion oder eine Summe von voneinander verschiedenen Vollkonjunktionen ist.

   Satz: Jede binäre Funktion von n Variablen $x_1, x_2, \ldots x_n$, die wenigstens einem geordneten n-Tupel die 1 zuordnet, läßt sich in eindeutiger Weise in disjunktiver Normalform darstellen: Bildet die Funktion k geordnete n-Tupel $(1 \leqq k \leqq 2^n)$ auf 1 ab, so ist der Funktionsterm die Summe jener k Vollkonjunktionen, die für diese k geordneten n-Tupel den Wert 1 annehmen.

3. Konjunktive Normalform

   Definition: Eine binäre Funktion von n Variablen, die wenigstens einem geordneten n-Tupel die 0 zuordnet, liegt in *konjunktiver* Normalform vor, wenn ihr Funktionsterm eine Volldisjunktion oder ein Produkt von voneinander verschiedenen Volldisjunktionen ist.

   Satz: Jede binäre Funktion von n Variablen $x_1, x_2, \ldots x_n$, die wenigstens einem geordneten n-Tupel die 0 zuordnet, läßt sich in eindeutiger Weise in konjunktiver Normalform darstellen: Bildet die Funktion k geordnete n-Tupel $(1 \leqq k \leqq 2^n)$ auf 0 ab, so ist der Funktionsterm das Produkt jener k Volldisjunktionen, die für diese k geordneten n-Tupel den Wert 0 annehmen.

Schaltalgebra

Die Schaltalgebra realisiert ein einer zweielementigen BOOLEschen Algebra $(\{0, 1\}, \cdot, +, ^-)$ isomorphes Modell.

Grundbegriffe	Technische Realisierung
Elemente 0, 1	Zwei verschiedene Potentialwerte
Verknüpfungen:	Gatter werden durch Kontakte, Relais oder elektronische Bauteile realisiert
UND ($\cdot$ oder $\wedge$) $x_1 \cdot x_2$	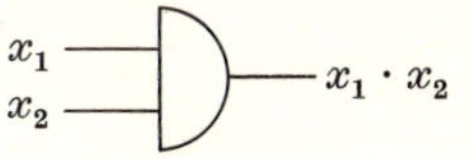 UND-Gatter
ODER ($+$ oder $\vee$) $x_1 + x_2$	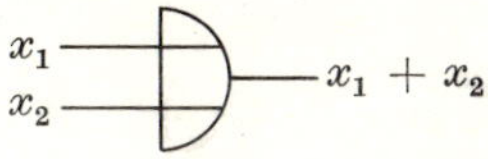 ODER-Gatter
Komplement (Negation) $\overline{x}$	 NICHT-Gatter
Variable	Potential am Eingang eines Gatters
Funktionswert der Verknüpfung von Variablen	Potential am Ausgang eines Gatters
Häufig vorkommende Terme	
NAND $\overline{x_1 \cdot x_2} = \overline{x_1} + \overline{x_2}$	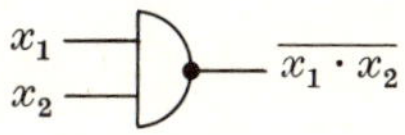
NOR $\overline{x_1 + x_2} = \overline{x_1} \cdot \overline{x_2}$	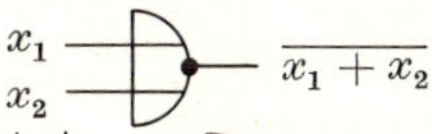
Alternative $x_1 \cdot \overline{x_2} + \overline{x_1} \cdot x_2$	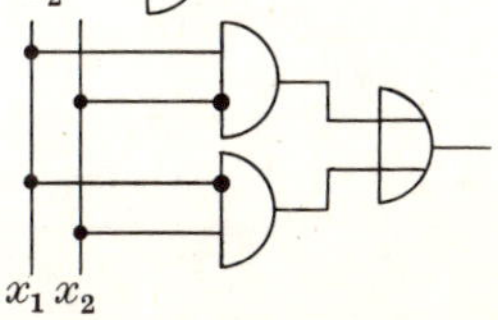 $x_1 \cdot \overline{x_2} + \overline{x_1} \cdot x_2$

Aussagenalgebra

Die Aussagenalgebra kann auf die zweielementige Algebra der Wahrheitswerte abgebildet werden. Diese ist ein Modell der BOOLEschen Algebra.

Für jede Aussage gilt das Zweiwertigkeitsprinzip der klassischen Aussagenlogik, d.h. jede Aussage ist entweder wahr (w) oder falsch (f). Die Aussagenvariablen A, B, C ... sind Platzhalter für Aussagen. Jede Verknüpfung von Aussagenvariablen heißt aussagenlogische Aussageform. Eine Tautologie ist eine allgemeingültige aussagenlogische Aussageform; sie ergibt bei jeder Belegung ihrer Aussagenvariablen mit Aussagen eine Aussage mit dem Wahrheitswert w.

A. Verknüpfung von Aussagenvariablen

Konjunktion UND-Verknüpfung	$A \wedge B$	sowohl A als auch B
Disjunktion ODER-Verknüpfung	$A \vee B$	A oder B oder beide
Negation Verneinung	$\neg A$	nicht A
Implikations- verknüpfung Subjunktion	$\neg A \vee B$ kurz $A \rightarrow B$	(nicht A) oder B, wenn A dann B, B ist notwendig für A, A ist hinreichend für B,
Äquivalenz- verknüpfung Bijunktion	$(\neg A \vee B) \wedge (\neg B \vee A)$ kurz $A \leftrightarrow B$	sowohl [(nicht A) oder B] als auch [(nicht B) oder A], wenn A dann B und umgekehrt, A ist notwendig und hinreichend für B
Antivalenz	$(\neg A \wedge B) \vee (\neg B \wedge A)$ kurz $A \dot{\vee} B$	entweder A oder B im ausschließenden Sinn, exklusives „oder“

Tabelle der Wahrheitswerte

A	B	$A \wedge B$	$A \vee B$	$\neg A$	$A \rightarrow B$	$A \leftrightarrow B$	$A \dot{\vee} B$
w	w	w	w	f	w	w	f
w	f	f	w		f	f	w
f	w	f	w	w	w	f	w
f	f	f	f		w	w	f

B. Verknüpfung aussagenlogischer Aussageformen

Sind A und B aussagenlogische Aussageformen, so definiert man als

Implikationsaussage	für „$A \rightarrow B$ ist eine Tautologie“
$A \Rightarrow B$	A impliziert B; aus A folgt B
Äquivalenzaussage	für „$A \leftrightarrow B$ ist eine Tautologie“
$A \Leftrightarrow B$	A ist äquivalent B; aus A folgt B und umgekehrt

C. Gesetze der Aussagenalgebra

(1) Kommutativgesetze

$A \wedge B \Leftrightarrow B \wedge A$ $\qquad$ $A \vee B \Leftrightarrow B \vee A$

(2) Assoziativgesetze

$(A \wedge B) \wedge C \Leftrightarrow A \wedge (B \wedge C)$ $\qquad$ $(A \vee B) \vee C \Leftrightarrow A \vee (B \vee C)$

(3) Distributivgesetze

$A \wedge (B \vee C) \Leftrightarrow (A \wedge B) \vee (A \wedge C)$ $\qquad$ $A \vee (B \wedge C) \Leftrightarrow (A \vee B) \wedge (A \vee C)$

(4) Absorptionsgesetze

$A \wedge (A \vee B) \Leftrightarrow A$ $\qquad$ $A \vee (A \wedge B) \Leftrightarrow A$

(5) Gesetze für die Negation

$A \wedge \neg A$ ist eine Kontradiktion
Satz vom Widerspruch

$A \vee \neg A$ ist eine Tautologie
Satz vom ausgeschlossenen Dritten

$A \wedge (A \vee \neg A) \Leftrightarrow A$ $\qquad$ $A \vee (A \wedge \neg A) \Leftrightarrow A$

D. Gegenüberstellung

Aussagenalgebra	Mengenalgebra
Aussagenvariable	Mengenvariable
Konjunktion $\wedge$	Durchschnitt $\cap$
Disjunktion $\vee$	Vereinigung $\cup$
Negation $\neg$	Komplement $\overline{}$
Kontradiktion	Leere Menge $\emptyset$
Tautologie	Grundmenge E
Implikationsaussage $A \Rightarrow B$	Teilmengenrelation $A \subseteq B$
Äquivalenzaussage $A \Leftrightarrow B$	Gleichheitsrelation $A = B$

E. Logisches Schließen

(1) Regel des *modus ponens* (bejahende Abtrennungsregel)

$(A \rightarrow B) \wedge A \quad \Rightarrow \quad B$

(2) Regel des *modus tollens* (verneinende Abtrennungsregel)

$(A \rightarrow B) \wedge \neg B \quad \Rightarrow \quad \neg A$

(3) Regel des *Kettenschlusses*

$(A \rightarrow B) \wedge (B \rightarrow C) \quad \Rightarrow \quad A \rightarrow C$

(4) Ersetzt man in einer dieser Regeln eine aussagenlogische Aussageform durch eine zu ihr äquivalente, so entsteht wieder eine Schlußregel. Ersetzt man in einer dieser Regeln eine Aussagenvariable durch eine andere Aussagenvariable oder aussagenlogische Aussageform, so entsteht wieder eine Schlußregel.

Wahrscheinlichkeitsrechnung

A. Grundlagen

1. Häufigkeit

Tritt ein Ereignis E bei einer Folge von n Versuchen genau k-mal ein, so heißt $\frac{k}{n}$ die *relative* Häufigkeit des Ereignisses E bei dieser Versuchsfolge. k heißt die *absolute* Häufigkeit des Ereignisses E.

2. Axiome von Kolmogorow

Ω sei Ergebnisraum eines Zufallsexperiments.
Jedem Ereignis E aus dem Ereignisraum wird eine reelle Zahl $P(E)$ als Wahrscheinlichkeit zugeordnet.

Für $P(E)$ gelten folgende drei Axiome:

I. $P(E) \geqq 0$ (Nichtnegativität)
II. $P(\Omega) = 1$ (Normierung)
III. $E_1 \cap E_2 = \emptyset \Rightarrow P(E_1 \cup E_2) = P(E_1) + P(E_2)$ (Additionssatz)

3. $\overline{E} = \Omega \setminus E$ heißt *Gegenereignis* zu E.
Es gilt $P(\overline{E}) = 1 - P(E)$.

4. Satz von Sylvester:

$$P\left(\bigcup_{i=1}^{n} E_i\right) = \sum_{i=1}^{n} P(E_i) - \sum_{i<j}^{n} P(E_i \cap E_j) +$$

$$+ \sum_{i<j<k}^{n} P(E_i \cap E_j \cap E_k) - \ldots + (-1)^{n-1} P(E_1 \cap E_2 \cap \ldots \cap E_n)$$

Sonderfall für $n = 2$:

$$P(E_1 \cup E_2) = P(E_1) + P(E_2) - P(E_1 \cap E_2) \quad \text{oder:}$$
$$P(E_1 \cup E_2) = P(E_1 \setminus E_2) + P(E_2 \setminus E_1) + P(E_1 \cap E_2)$$

5. Gesetz der großen Zahlen von Jakob Bernoulli:

Das Ereignis E habe die Wahrscheinlichkeit p.
$\frac{k}{n}$ sei die relative Häufigkeit des Ereignisses E bei n unabhängigen Versuchen. Dann gilt für jedes $\varepsilon \in \mathbb{R}^+$:

$$\lim_{n \to +\infty} P\left(\left|\frac{k}{n} - p\right| < \varepsilon\right) = 1$$

B. LAPLACE-Experimente

1. Ein Zufallsexperiment heißt LAPLACE-Experiment, wenn alle Ergebnisse des zugehörigen Ergebnisraums gleichwahrscheinlich sind.
2. Bei einem LAPLACE-Experiment gilt:

$$P(E) = \frac{|E|}{|\Omega|} = \frac{\text{Anzahl der für } E \text{ günstigen Ergebnisse}}{\text{Anzahl der mögl. gleichwahrscheinlichen Ergebnisse}}$$

C. Bedingte Wahrscheinlichkeit und Unabhängigkeit

1. $P_B(E) = \dfrac{P(E \cap B)}{P(B)}$ heißt für $P(B) \neq 0$ die *bedingte* Wahrscheinlichkeit von E unter der Bedingung B.
2. Formel von BAYES:
   Bilden die E_i mit $P(E_i) \neq 0$, $i = 1, \ldots, n$, eine Zerlegung von Ω, so gilt:

$$P_B(E_i) = \frac{P_{E_i}(B) \cdot P(E_i)}{P_{E_1}(B) \cdot P(E_1) + \ldots + P_{E_n}(B) \cdot P(E_n)}$$

   Sonderfall für $n = 2$: $P_B(E) = \dfrac{P_E(B) \cdot P(E)}{P_E(B) \cdot P(E) + P_{\overline{E}}(B) \cdot P(\overline{E})}$

3. Die Ereignisse E_1 und E_2 heißen *unabhängig*, wenn gilt:
   $P(E_1 \cap E_2) = P(E_1) \cdot P(E_2)$.
   Andernfalls heißen die Ereignisse abhängig.
4. Ein BERNOULLI-Experiment ist ein Zufallsexperiment mit genau zwei möglichen Ergebnissen, die meist als Treffer und Niete bezeichnet werden.
   Eine Kette von n unabhängigen BERNOULLIexperimenten, bei denen die Wahrscheinlichkeit für Treffer konstant p ist, heißt BERNOULLIkette der Länge n mit dem Parameter p.
5. Bei einer BERNOULLIkette der Länge n mit dem Parameter p gilt:
   $P(\text{„Genau } k \text{ Treffer"}) = \binom{n}{k} p^k \cdot q^{n-k}$ mit $q = 1 - p$
6. Ungleichung von TSCHEBYSCHOW für die BERNOULLIkette:
   Sei k die Anzahl der Treffer bei einer BERNOULLIkette der Länge n mit dem Parameter p, so gilt für jedes $\varepsilon \in \mathbb{R}^+$:

$$P\left(\left|\frac{k}{n} - p\right| \geq \varepsilon\right) \leq \frac{p(1-p)}{\varepsilon^2 n} \leq \frac{1}{4\,\varepsilon^2 n}$$

   Der Ausdruck $\dfrac{p(1-p)}{\varepsilon^2 n}$ heißt auch TSCHEBYSCHOW-Risiko.

D. Zufallsgrößen

1. Eine reellwertige Funktion von Ω in $\mathbb{R}$ heißt *Zufallsgröße.*

2. Die Funktion W: $x \mapsto P(\{\omega \mid X(\omega) = x\})$, $D_W = \mathbb{R}$ heißt *Wahrscheinlichkeitsfunktion* der Zufallsgröße X.

3. Die Funktion F: $x \mapsto P(\{\omega \mid X(\omega) \leqq x\})$, $D_F = \mathbb{R}$ heißt (kumulative) *Verteilungsfunktion* der Zufallsgröße X.

4. Die Funktion f mit $D_f = \mathbb{R}$ heißt *Dichtefunktion* der Zufallsgröße X, wenn gilt $P(a < X \leqq b) = \int_a^b f(x)\,dx$.

5. Die Funktion W_{XY}: $(x, y) \mapsto P(X = x \wedge Y = y)$, $D = \mathbb{R} \times \mathbb{R}$ heißt gemeinsame Wahrscheinlichkeitsfunktion der beiden Zufallsgrößen X und Y, die über dem gleichen Ergebnisraum definiert sind.

6. Zwei Zufallsgrößen X und Y heißen unabhängig, wenn für alle $x, y \in \mathbb{R}$ gilt: $W_{XY}(x, y) = W_X(x) \cdot W_Y(y)$.

7. Die Zufallsgröße X habe die Werte x_i, dann heißt die Zahl $\mathcal{E}\, X = \sum_{i=1}^{n} x_i\, W(x_i)$ *Erwartungswert* der Zufallsgröße.

8. Sätze über den Erwartungswert
   a) $\mathcal{E}\, X = a$ für eine konstante Zufallsgröße $X(\omega) = a$.
   b) $\mathcal{E}(X + Y) = \mathcal{E}\, X + \mathcal{E}\, Y$
   c) $\mathcal{E}(a\, X) = a \cdot \mathcal{E}\, X$ für konstantes $a \in \mathbb{R}$
   d) für unabhängige Zufallsgrößen X, Y gilt: $\mathcal{E}(X \cdot Y) = \mathcal{E}\, X \cdot \mathcal{E}\, Y$

9. Die *Varianz* einer Zufallsgröße X ist die Zahl
   $\mathrm{Var}\, X = \mathcal{E}\,[(X - \mathcal{E}\, X)^2]$

10. Die Standardabweichung einer Zufallsgröße X ist die Zahl
    $\sigma = \sqrt{\mathrm{Var}\, X}$

11. Sätze über die Varianz
    a) $\mathrm{Var}\, X = \mathcal{E}(X - a)^2 - (\mathcal{E}\, X - a)^2$ (Verschiebungssatz)
    b) $\mathrm{Var}\, X = \mathcal{E}(X^2) - (\mathcal{E}\, X)^2$
    c) $\mathrm{Var}\, X = 0$ genau dann, wenn die Zufallsgröße $X(\omega) = a$ konstant ist.
    d) $\mathrm{Var}(X + a) = \mathrm{Var}\, X$
    e) $\mathrm{Var}(a\, X) = a^2\, \mathrm{Var}\, X$

f) Sind $X_1, X_2, \ldots, X_n$ paarweise unabhängige Zufallsgrößen, dann gilt:

$$\operatorname{Var}\left(\sum_{i=1}^{n} X_i\right) = \sum_{i=1}^{n} \operatorname{Var} X_i$$

12. Haben n gleichverteilte und unabhängige Zufallsgrößen den Erwartungswert μ und die Standardabweichung σ, dann hat ihr arithmetisches Mittel denselben Erwartungswert, aber

$\frac{1}{\sqrt{n}} \cdot \sigma$ als Standardabweichung.

13. Ungleichung von Tschebyschow

Für $a \in \mathbb{R}^+$ gilt: $P(|X - \mathcal{E}X| \geq a) \leq \frac{\operatorname{Var} X}{a^2}$

14. Eine Zufallsgröße heißt *standardisiert*, wenn sie den Erwartungswert 0 und die Varianz 1 hat.

$\frac{X - \mathcal{E}X}{\sigma_X}$ ist die zu X gehörige standardisierte Zufallsgröße.

E. Kovarianz und Korrelation

1. Die *Kovarianz* zweier Zufallsgrößen X und Y ist die Zahl

$$\operatorname{Cov}(X, Y) = \mathcal{E}[(X - \mathcal{E}X)(Y - \mathcal{E}Y)] = \mathcal{E}(X \cdot Y) - \mathcal{E}X \cdot \mathcal{E}Y$$

$\varrho(X, Y) = \frac{\operatorname{Cov}(X, Y)}{\sigma(X) \cdot \sigma(Y)}$ heißt *Korrelationskoeffizient* der Zufallsgrößen X und Y.

2. Für den Korrelationskoeffizienten $\varrho(X, Y)$ zweier Zufallsgrößen X und Y gilt:

a) $|\varrho(X, Y)| \leqq 1$

b) $|\varrho(X, Y)| = 1 \Leftrightarrow Y = aX + b$ bzw. $X = aY + b$ mit $a, b \in \mathbb{R}$

c) Zwei Zufallsgrößen X und Y heißen

$$\left.\begin{array}{l}\text{positiv korreliert}\\ \text{unkorreliert}\\ \text{negativ korreliert}\end{array}\right\} \Leftrightarrow \varrho(X, Y) \begin{cases} >0 \\ =0 \\ <0 \end{cases}$$

3. Zwei Zufallsgrößen X und Y sind genau dann unkorreliert, wenn gilt: $\mathcal{E}(X \cdot Y) = \mathcal{E}X \cdot \mathcal{E}Y$

4. Wenn zwei Zufallsgrößen unabhängig sind, dann sind sie auch unkorreliert.

F. Verteilungen

1. Eine Zufallsgröße X heißt *hypergeometrisch* nach $H(N; K; n)$ verteilt, wenn gilt:

$$H(N; K; n; k) := W(k) = \frac{\binom{K}{k}\binom{N-K}{n-k}}{\binom{N}{n}} \quad \text{für } k = 0, 1, \ldots, n.$$

Dabei ist n der Umfang einer Stichprobe aus einer Menge von N Elementen, von denen K eine bestimmte Eigenschaft besitzen, und k die Anzahl der Elemente mit dieser Eigenschaft innerhalb der Stichprobe.

2. Eine Zufallsgröße X heißt *binomial* nach $B(n; p)$ verteilt, wenn gilt:

$$B(n; p; k) := W(k) = \binom{n}{k} p^k (1-p)^{n-k} \quad \text{für } k = 0, 1, \ldots, n$$

3. Eine nach $B(n; p)$ verteilte Zufallsgröße hat den Erwartungswert $n\,p$ und die Varianz $n\,p\,(1-p)$.

4. Die Wahrscheinlichkeitsfunktion $P(\mu)$ mit

$W(k) = P(\mu; k) = e^{-\mu}\,\frac{\mu^k}{k!}$ für $k \in \mathbb{N}_0$ heißt POISSON-*Verteilung* mit dem Erwartungswert μ.

5. Eine stetige Zufallsgröße heißt normalverteilt, wenn ihre Dichtefunktion den Term

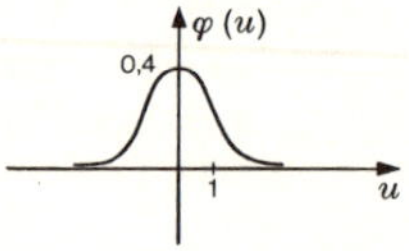

$$f(x) = \frac{1}{\sigma\sqrt{2\pi}}\,e^{-\frac{1}{2}\left(\frac{x-\mu}{\sigma}\right)^2} \quad \text{hat.}$$

Sie hat den Erwartungswert μ und die Standardabweichung σ. Ihre Verteilungsfunktion hat den Term

$$F(x) = \frac{1}{\sigma\sqrt{2\pi}} \int_{-\infty}^{x} e^{-\frac{1}{2}\left(\frac{t-\mu}{\sigma}\right)^2}\,dt.$$

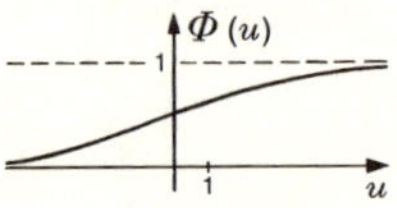

In standardisierter Form erhält man

für die Dichtefunktion $\quad \varphi(u) = \frac{1}{\sqrt{2\pi}}\,e^{-\frac{1}{2}u^2} \quad$ und

für die Verteilungsfunktion $\quad \Phi(u) = \frac{1}{\sqrt{2\pi}} \int_{-\infty}^{u} e^{-\frac{1}{2}t^2}\,dt$

$\Phi(-u) = 1 - \Phi(u)$

6. Approximation der Binomialverteilung durch die Normalverteilung (brauchbar für $n\,p\,(1-p) > 9$)

$$B(n;p;k) \approx \frac{1}{\sigma}\,\varphi\left(\frac{k-\mu}{\sigma}\right) \text{ mit } \mu = n\,p \text{ und } \sigma = \sqrt{n\,p\,(1-p)}$$

Ist F die Verteilungsfunktion einer binomial verteilten Zufallsgröße mit dem Erwartungswert μ und der Standardabweichung σ, so gilt:

$$F(x) \approx \Phi\left(\frac{x-\mu+\frac{1}{2}}{\sigma}\right)$$

7. Ist X eine normalverteilte Zufallsgröße mit dem Erwartungswert μ und der Standardabweichung σ, so gilt:

$P(|X-\mu| < \sigma) \approx 68{,}27\%$ $\quad P(|X-\mu| < 1{,}96\,\sigma) \approx 95\%$

$P(|X-\mu| < 2\,\sigma) \approx 95{,}45\%$ $\quad P(|X-\mu| < 2{,}58\,\sigma) \approx 99\%$

$P(|X-\mu| < 3\,\sigma) \approx 99{,}73\%$ $\quad P(|X-\mu| < 3{,}29\,\sigma) \approx 99{,}9\%$

8. Zentraler Grenzwertsatz

X_i seien beliebig verteilte unabhängige Zufallsgrößen mit den Erwartungswerten μ_i und den Varianzen Var X_i. Dann hat die Zufallsgröße $X = \sum_{i=1}^{n} X_i$ den Erwartungswert $\mu = \sum_{i=1}^{n} \mu_i$ und die Varianz $\operatorname{Var} X = \sum_{i=1}^{n} \operatorname{Var} X_i$ und es gilt:

X ist annähernd normalverteilt, d.h. $P(X \leqq x) \approx \Phi\left(\frac{x-\mu}{\sigma}\right)$

Mathematische Statistik

1. Beim Testen einer Hypothese H_0 können zwei Arten von Fehlern begangen werden:

   Fehler 1. Art: H_0 wird abgelehnt, obwohl sie wahr ist.

   Fehler 2. Art: H_0 wird nicht abgelehnt, obwohl sie falsch ist.

   Der Fehler 1. Art heißt auch das Signifikanzniveau des Tests.

2. Die Operationscharakteristik eines Ereignisses A ist die Funktion, die jeder Wahrscheinlichkeitsbelegung (gekennzeichnet durch den Parameter p) die Wahrscheinlichkeit $P_p(A)$ zuordnet.

Ist A der Annahmebereich eines Tests, so gibt die Operationscharakteristik die Wahrscheinlichkeit für einen Fehler 2. Art in Abhängigkeit von der vorliegenden Wahrscheinlichkeit p an.

3. Chi-Quadrat-Test:

Nullhypothese: Die Zufallsgröße X hat die Wahrscheinlichkeitsfunktion W

Stichprobe: n unabhängig gewonnene Werte $x_1, x_2, \ldots, x_n$ der Zufallsgröße X

a) Überdecke den Wertebereich von X mit aneinanderstoßenden Intervallen I_i, so daß in jedem Intervall mindestens 5 Werte der Zufallsgröße zu liegen kommen.

b) Ermittle die Anzahlen N_i der Werte x_j, die in I_i liegen.

c) Berechne die unter der Hypothese zu erwartenden Idealwerte
$$E_i = n \cdot P(x \in I_i) = n \cdot \sum_{x \in I_i} W(x)$$

d) Berechne die Prüfgröße $\chi^2 = \sum_{i=1}^{n} \frac{1}{E_i}(N_i - E_i)^2$

e) Ermittle zum gewählten Signifikanzniveau α die Grenze a des Annahmebereichs aus Tabellen:

$F_f(a) = 1 - \alpha$; f = Anzahl der Intervalle $- 1$

Ist die Prüfgröße $\chi^2 > a$, dann wird die Nullhypothese auf dem gewählten Signifikanzniveau abgelehnt.

4. Die Zufallsgröße $S^2 = \frac{1}{n-1}[(X_1 - \overline{X})^2 + \ldots + (X_n - \overline{X})^2]$ mit

$\overline{X} = \frac{1}{n}(X_1 + \ldots + X_n)$ heißt (empirische) Stichprobenvarianz zur Stichprobe $(X_1, \ldots, X_n)$.

5. Ermittlung eines Konfidenzintervalls für den Erwartungswert μ einer Normalverteilung mit gegebener Varianz $\operatorname{Var} X = \sigma^2$:

a) Man ermittelt den Mittelwert $\overline{X}$ der Stichprobe $(X_1, \ldots, X_n)$
$$\overline{X} = \frac{1}{n}(X_1 + \ldots + X_n)$$

b) Man ermittelt aus Tabellen den Faktor c, der zum jeweiligen Signifikanzniveau gehört (z.B. für $\alpha = 5\%$ ergibt sich $c = 1{,}96$).

c) Als Konfidenzintervall ergibt sich $|\overline{X} - \mu| = c \cdot \frac{\sigma}{\sqrt{n}}$.

Informationstheorie

1. Unter einer Binär-Codierung einer Informationsquelle A versteht man eine Abbildung der Zeichen dieser Informationsquelle auf Dualzahlen.
   Hat das i-te von n Zeichen die Auftretenswahrscheinlichkeit p_i und die zugeordnete Dualzahl die Länge s_i, so versteht man unter der Zahl $s = \sum_{i=1}^{n} p_i \cdot s_i$ die durchschnittliche Codewortlänge.

2. Entscheidungsgehalt eines Zeichens
   Der Entscheidungsgehalt (Informationsmaß) eines Zeichens mit der Auftretenswahrscheinlichkeit p ist gleich $\text{lb}\,\frac{1}{p}$. Er wird durch den Zusatz bit gekennzeichnet.

3. Entropie einer Nachrichtenquelle
   Die Entropie H einer Nachrichtenquelle ist der mittlere Entscheidungsgehalt pro Zeichen.
   Hat das Zeichen $a_i, i = 1, \ldots, n$, die Auftretenswahrscheinlichkeit p_i, so gilt: $H = \sum_{i=1}^{n} p_i \cdot \text{lb}\,\frac{1}{p_i}$

4. Redundanz
   Unter der *Redundanz* R einer diskreten Nachrichtenquelle mit einem aus n Zeichen bestehenden Alphabet und der Entropie H versteht man die Zahl $R = \text{lb}\, n - H$.
   Die relative Redundanz r ist der Quotient aus der Redundanz R und $\text{lb}\, n$.

5. SHANNONsches Codierungstheorem
   Die *Entropie* H einer Nachrichtenquelle mit n Zeichen ist nicht größer als $\text{lb}\, n$.
   Jede Nachrichtenquelle kann so codiert werden, daß die Redundanz beliebig klein wird.

Struktogramm

1. Sequenzen

Sequenz

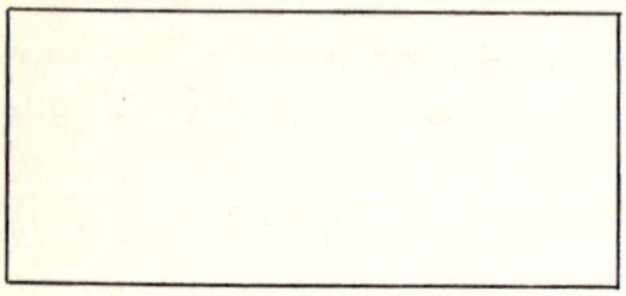

Lineare Folge von Anweisungen

Unterprogrammaufruf

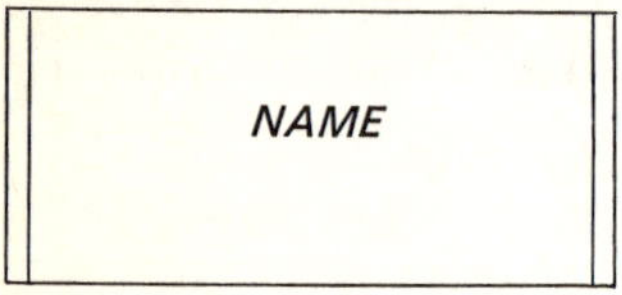

Rufe NAME

2. Wiederholungen

mit Zählvariablen

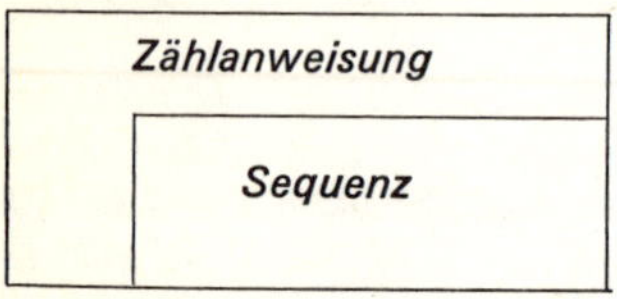

Zähle ... von ... bis ... Schritt ...
Sequenz
Endezähle

mit Eingangsbedingung

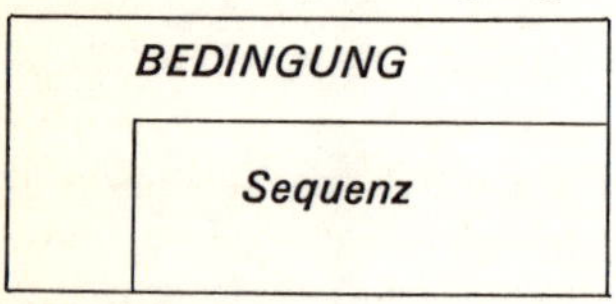

Solange BEDINGUNG
tue
Sequenz
Endesolange

mit Ausgangsbedingung

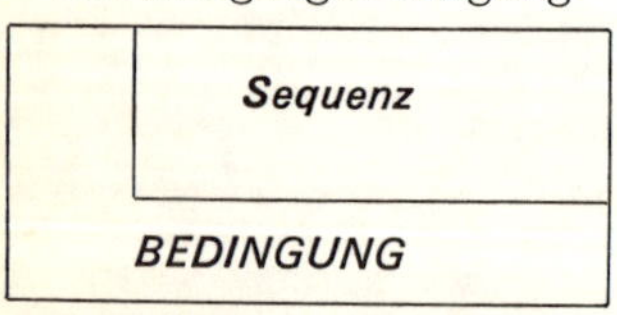

Wiederhole
Sequenz
bis BEDINGUNG

mit Abbruchbedingung

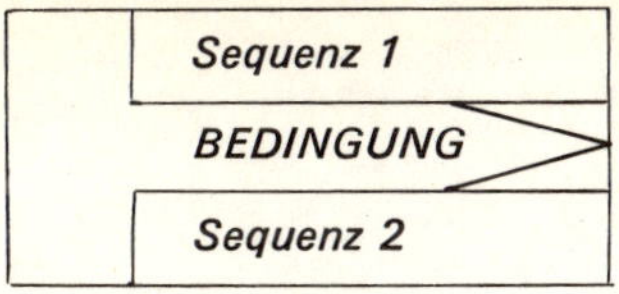

Wiederhole
Sequenz 1
Beende, wenn BEDINGUNG
Sequenz 2
Endewiederhole

3. Auswahlen

2-seitige Auswahl

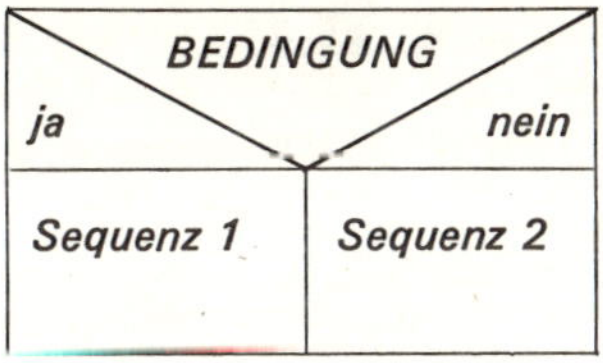

Wenn BEDINGUNG
dann
Sequenz 1
sonst
Sequenz 2
Endewenn

1-seitige Auswahl

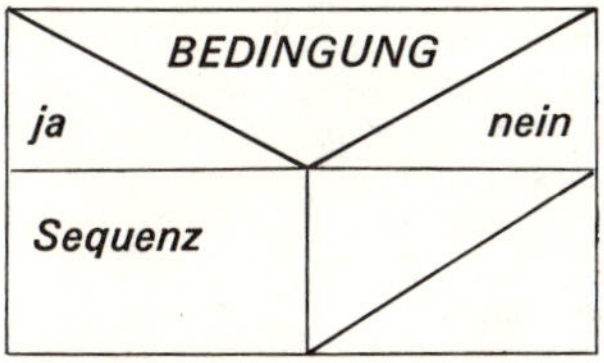

Wenn BEDINGUNG
dann
Sequenz
Endewenn

Mehrfachauswahl

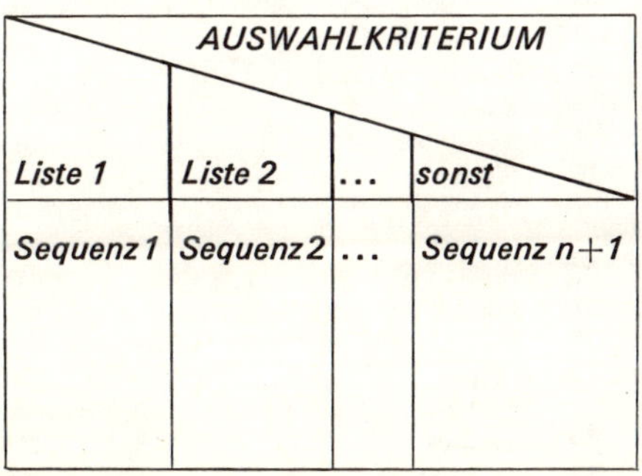

Falls
AUSWAHLKRITERIUM
aus
  Liste 1:
    Sequenz 1
  Liste 2:
    Sequenz 2
  ...
  Liste n:
    Sequenz n
  sonst
    Sequenz n + 1
Endefalls

STICHWORTVERZEICHNIS